1 | シリーズ……
数学の世界
野口 廣 監修

ゼロからわかる数学
―数論とその応用―

戸川美郎 著

朝倉書店

まえがき

「ゼロからわかる数学」というコピーを見て，それをそのまま信用して，「この本を読めば本当に予備知識ゼロで数学がすべてわかるようになる」と期待する人は，まずいないだろう．このような"うますぎる話"には，なにかトリックがあるか，もしくは誇大表現だろうと考えるのが健全な反応だと思う．

実際，この本の場合は，その両方である．

トリック：「ゼロからわかる」というのは「予備知識がなくてよい」ということでなく，$1, 2, 3, \cdots$ 以外に「ゼロという数を知っている」という予備知識を前提とするという意味である．

誇大表現：「数学」といっても「数学」は数学全般を意味するのではなく，「整数についての数学」に限定してある．

しかし，トリックと誇大表現の両方というのでは救いがないので，言いわけをしておこう．まず，予備知識についての"トリック"だが，「$1, 2, 3, \cdots$ 以外に0という数を知っていることを予備知識として仮定する」ということは，逆にいえば，負の数，特に中学数学の悩みの種の「マイナスかけるマイナスはプラス」等について知っていることさえも仮定しない，ということである．これならば，必要とする予備知識はゼロでないにしても，かなりゼロに近く，"トリック"は軽微なものといえよう（予備知識についての続きは1章1.1 (a)）．

一方，"誇大表現"はもっと深刻であり，「数学」を「整数についての数学」に制限するのは，得られる知識をかなり狭く限定してしまう．それでもこのような制限をしたのは，次のような背景による．

数学は，いまではあまりにも巨大な学問となってしまったため，専門の数学者といえども，数学全体をくまなく理解できているわけではない．むしろ，個々の数学者は，数学の全体の中できわめて狭い分野を研究しているという方が現

状に近い．これは数学者にとってきわめて情けない状況のように見えるが，実際にはそれほどでもないのだ．ひとつの分野を深く理解している人は，他の分野についても必要になれば比較的早く馴染むことができるのである．おそらくこれは，見かけはまったく異なる知識に依存する分野でも，何か発想の共通点のようなものがあるためと思われる．つまり，ひとつの分野で数学の「感性」を磨いておくと，その感性が他の分野でも通用するらしいのである．このことを考えると，「数学入門」というとき，数学全般を広く浅く学ぶというのは，うまいやり方ではなく，範囲を限定してでもある程度話が面白くなるところまで進み，数学における感性を得ることを目指す方が，はるかに有効な「入門」だと考えられる．

この理由により，この本では「数学」を「整数についての数学」に限定してある．小数，無理数，三角関数，微分積分といったものについては，一切触れない．こうすることにより，数学について得られる「知識」としてはきわめて限定されたものとなってしまうのだが，一方，数学における「感性」は，かなりのものが得られると思う．つまり，この本の目指すのは，数学についての「知識」の入門ではなく，「感性」の入門なのである．

もうひとつの意味での入門として，現代的スタイルの数学では基本用語となっている集合・写像といった事柄についてていねいに説明して，それを気軽に使える道具としてしまう，ということを目標としている（そのようにした理由は3章の最初に述べてある）．

さて，範囲を限定した以上，ある程度のところまで話が進まなくては割が合わない．そこで，「整数の数学」の輝かしい応用である「RSA公開鍵暗号方式」を，この本の最終目的地として設定した．最近，インターネットの普及に伴って通信のセキュリティーを確保する技術が重要になってきているが，RSA公開鍵暗号方式はインターネット向きの暗号方式として最もエレガントで，かつ強固なものと考えられている．このRSA公開鍵暗号方式を理解することを最終目標としよう．

2001年4月

戸川美郎

目　　次

1. 整数の世界 1
   1.1 予備知識の整理 1
      1.1.1 $+, -, \times, \div$ と数の意味 1
      1.1.2 文字の使い方 4
      1.1.3 恒等式のまとめ 8
   1.2 負の数への拡張 13
      1.2.1 負の数と演算 13
      1.2.2 整数の積：拡張の方針 17
   1.3 割　り　算 20
      1.3.1 3つの割り算 20
      1.3.2 素　数 24
      1.3.3 表記の問題点 25
      1.3.4 練　習 27

2. 合　同　式 30
   2.1 定義と基本性質 30
      2.1.1 合同式の定義 30
      2.1.2 基本性質 31
   2.2 合同式の応用 34
      2.2.1 割り切れる数 34
      2.2.2 ちょっと進んだ問題 39

3. 合同式から剰余系へ　　　　　　　　　　　　　　　44
3.1 集　　合　　　　　　　　　　　　　　　　　　　44
3.1.1 集合とは　　　　　　　　　　　　　　　　　45
3.1.2 概念と集合　　　　　　　　　　　　　　　　48
3.1.3 集合の2通りの表し方　　　　　　　　　　　52
3.1.4 集合の演算　　　　　　　　　　　　　　　　55
3.2 剰余系 Z/nZ　　　　　　　　　　　　　　　　　57
3.2.1 2つの方針　　　　　　　　　　　　　　　　57
3.2.2 演算のまとめ：合同式の公式の書き直し　　　62
3.2.3 現代数学　　　　　　　　　　　　　　　　　66

4. フェルマーの小定理　　　　　　　　　　　　　　　68
4.1 整　　域　　　　　　　　　　　　　　　　　　　68
4.1.1 m が素数の場合　　　　　　　　　　　　　69
4.1.2 整域と逆元　　　　　　　　　　　　　　　　69
4.2 写　　像　　　　　　　　　　　　　　　　　　　71
4.2.1 写像とは　　　　　　　　　　　　　　　　　72
4.2.2 有限集合　　　　　　　　　　　　　　　　　74
4.2.3 剰余系 Z/pZ　　　　　　　　　　　　　　　76
4.3 フェルマーの小定理　　　　　　　　　　　　　　81
4.3.1 フェルマーの小定理　　　　　　　　　　　　81
4.3.2 フェルマーの小定理の応用　　　　　　　　　83

5. オイラーの定理　　　　　　　　　　　　　　　　　88
5.1 "互いに素" と $(Z/mZ)^*$　　　　　　　　　　　　88
5.1.1 公約数　　　　　　　　　　　　　　　　　　88
5.1.2 $(Z/mZ)^*$　　　　　　　　　　　　　　　　90
5.1.3 証明のストーリー　　　　　　　　　　　　　92
5.2 逆元の存在とオイラーの定理　　　　　　　　　　96
5.2.1 逆元の存在　　　　　　　　　　　　　　　　96

	目　　次	v

 5.2.2　オイラーの定理とその証明 97
 5.2.3　オイラーの φ 関数 98
 5.2.4　オイラーの定理 99
 5.2.5　ユークリッド互除法と逆元の計算 102

6. 暗　号　系 108
6.1　暗号方式と鍵 108
 6.1.1　暗号とは 108
 6.1.2　最も簡単な暗号 110
 6.1.3　少し複雑な暗号 112
 6.1.4　ネットワークでの暗号系 113
 6.1.5　公開鍵暗号方式 115
6.2　RSA 暗号方式 117
 6.2.1　RSA 暗号方式の概略 118
 6.2.2　復号化：オイラーの定理 119
6.3　計算量と安全性の検討 121
 6.3.1　大きな数の表現 122
 6.3.2　10^n の例 123
 6.3.3　現実的に不可能な計算 125
 6.3.4　素数判定法 127

あ と が き 129

索　　引 131

1

整数の世界

　この章の目的は，いったん忘れてしまった整数の世界を，$0, 1, 2, \cdots$ から再構築することである．そうしておいて，整数の世界での演算が満たす性質を整理する．

1.1　予備知識の整理

1.1.1　$+, -, \times, \div$ と数の意味

a. 予備知識

　まえがきにも述べたように，予備知識として要求するのは「$1, 2, 3, \cdots$ と 0 という数について知っていて，それらの四則演算ができる」ことである．分数や小数についての知識は必要ないし，もちろん，ルートや2次関数，三角関数，対数，微分積分について知っている必要もない．

　このように，要求する予備知識は小学校レベル（それ以下?）である．しかし，これは，この本が気楽に読めるやさしい本であることは意味しない．むしろ，かなりの思考力を要求する内容になっていると思う．

　この本の方針は「寝た子を起こす」である．うまく説明すれば概念的に微妙な点にとらわれることなしに，なんとなく理解させうる事柄であっても，つまり，うまく「ごまかせる」事柄であっても，概念的に微妙なところを積極的に検討して理解の透明性を求めよう，という方針である．

　このようにした理由は2つある．ひとつは，学校教育等で，寝た子を起こさないようにうまく手短に説明しているつもりの事柄が，高い知性があるが教師の感性とは波長が合わない何人かの生徒にとっては，とんでもない落とし穴に

なっているケースが多いのではないか，という推測である．そのようなケースでは，最悪の場合，数学とは「わけのわからぬ誰か」の感性に，自分の思考を同調させる苦行となってしまい，「数学とは奇怪な約束事の羅列の世界」という印象をもってしまうだろう．しかし，数学の魅力のひとつは，誰からも干渉されず自由に思考を遊ばせることのできる，堅固な基盤を与えてくれることなのである．断じて他者の操り人形となることではない．

もうひとつの理由は，このシリーズが想定している読者層ならば，寝た子をわざわざ起こして長々と検討するような批判的精神を楽しむ，知性と精神的余裕をもっていると期待できるからである．なんといっても，強制されたわけでもないのに，こんな本を読むのだから！

予備知識を必要以上に低く想定したのは，それ以外の知識を，ひとまず忘れてほしかったからである．つまり，わかっているはずのことをも説明したかったからである．概念的に危ない個所は，逃げずに長々と説明するつもりである．そうすることにより，数学に嫌悪感をもっていた読者が数学に対する信頼感（?）をもってくれることになれば大変にうれしい．

しかし，長々とした説明は煩わしいことも事実である．これは覚悟の上で，その結果，読者が読むのがいやになってしまったとしても，それはひとつの自由な選択である．時間とお金を損するだけで，知らないうちに数学に対して変な誤解を与えられたり，自分の知力に疑念をもたされたりすることはないだろう．要するにフェアーにしたいのである．

なお，概念的に危ないところは検討するといっても，すべてを完全に検討するつもりはない．というよりも，それは不可能である．しかし，その場合には，検討をうち切ることをはっきりと宣言するようにしたい．

また，「透明な理解」といっても，それはすべてに証明を与えるという数学者のモラルを貫くという意味ではない．証明が単純作業で，また理解の助けになるわけでもなさそうな場合は，サボった場合もある．

b. 数の意味と振るまい：哲学と数学

$1, 2, 3, \cdots$ と 0 を予備知識として前提とした．しかし，負の数さえも予備知識から排除するくらいならば，いっそのこと $1, 2, 3, \cdots$ と 0 以前から話を始めればよさそうなもの，と思えるだろう．しかし実は，これは難しい．

数の概念を厳密に提示するのは，意外に難しいのである．たとえば，5 という数を "わからせる" ためならば，5 個のリンゴや，5 個のミカン，5 個のパチンコ玉などを見せて，「これが "5" だよ」と繰り返し説明すればわかるだろう．ただし，5 個のリンゴが "5" そのものであるわけではない．5 個のリンゴや，5 個のミカン，5 個のパチンコ玉などに共通した "その" 特徴が 5 なのだ．しかし，「共通した "その" 特徴」などといっても概念を与えていることにはならない．「5 というのは，丸いことですか？」などというのは冗談で，それは「5 個のさいころ」で避けられる．だからといって，「共通した "その" 特徴」が確定するわけではない．

そんなことよりも，そもそも 5 を定義する前に「5 個の ‥‥」という言葉を使うのは循環論証ではないか，という疑問も出てくるかもしれない．

しかし，これは，個別の「5 個の ‥‥」とそれらを抽象化した 5 とはレベルが違うので，循環論証ではないのだ．問題の本当の難しさは「5 個の ‥‥」の「‥‥」が無制限にあるということなのだが ‥‥ これ以上深入りしない．言いたいことは，

数の概念を厳密に提示するのは難しい

ということだけである．

開き直った言い方をすれば，「5 とは何か？」「数の本質は何か？」と "すでに知っていること" を正面から掘り下げて考えるのは哲学であって数学ではない．数学では，むしろ，"すでに知っていること" をどんどん発展させ展開していくことが主流である．つまり，数の大小関係について何がいえるか，数の足し算やかけ算を定めるとどのように計算されるか，どのような等式が成り立つか，という具合に，「数の本質」というよりは「数がどのように振るまうか」に関心をもって展開していくのだ．

ただし，これは乱暴な言い方で，少なくても 2 つのリマークで保留条件を付けておかなければならないだろう．

Remark 1.

　まず，数学の中にも「基礎的な概念を掘り下げて行く」といえそうな分野もある．これには数学基礎論という，どうも誤解を生みそうな名前が付いている．そのため「数学を学ぶための基礎」(つまり入門?) と思う人もいるようだが，そんなことはない．これはひとつの数学の分野であり，やはり難しいし，数学全般にわたる知識も必要になる．また，「掘り下げていく」といっても，どうも哲学的な分析とはセンスが違うようで，むしろ「基礎的な概念を掘り登って (?) 行く」という方がぴったりしているようだ．

Remark 2.

　また，"すでに知っていること"をどんどん発展させるといっても，論証の厳密性を必要とする場合，"すでに知っている"で済ましてしまうのでは，その後の論証を展開する基盤としては心許ない．そこで，"すでに知っていること"についても「定義」と「公理」により確定しておく必要がある．しかし，この「定義」や「公理」は，「本質を的確に言い表したもの」や「誰もが疑いなく認める事実」であるかどうかよりも，「その後の論証を展開させる基盤として優れているか」を基準にして選ばれているのだ．だから，分野によっては，定義や公理だけを見ても，なぜそれが定義であって，なぜそれを公理として選んだのか，さっぱりわからないこともある．その場合，ある程度そこから展開して初めて，意味がわかってくることになる．

　以上の 2 つが保留条件である．

　さて，$0, 1, 2, \cdots$ についても，厳密に展開したいなら，たとえば「ペアノの公理」というものから出発する道もある．しかし，ここではこの道は採らず，$0, 1, 2, \cdots$ について"すでに知っている"を基盤として信頼することにして，ここから話を展開することにしよう．

1.1.2　文字の使い方

a. 等　式

　予備知識として $0, 1, 2, \cdots$ についての知識を前提としているので，**加法**（足し算）と**乗法**（かけ算）についても知っていることにしよう．また，数の大小

1.1 予備知識の整理

関係，$3 < 12$, $3 \leqq 12$ 等も前提とする．加法や乗法のように，2つの数に1つの数を対応させる操作を**演算**という．減法（引き算）は，まだ負の数を導入していないので，小さい数から大きい数を引くことはできず，まだ演算といえるものにはなっていない．また，割り算も演算ではない．

前にも述べたように，たとえば "$1+1=2$" が "真理" であるかを検討するのは，数学のテーマではない．

$1+1=2$ が成り立つならば，$1337+666=2003$ であるか？

を調べるのが数学の課題である．

さて，

$$1337 + 666 = 2003$$

といった数の振るまいについて調べることが課題だからといって，

$$\begin{array}{ccc} 34+13=47, & 11+1=12, & 23\times 2=46 \\ 555+777=1331, & 777+0=777, & 11\times 11=121 \\ \vdots & \vdots & \vdots \end{array}$$

と個別の計算をいくら集積してみても数学にはならない．

数学のテーマは計算そのものというよりは，こういった計算について一般的に成り立つ規則を整理することである．たとえば，

$12+5=17$, また $5+12=17$. 両者は等しいから $12+5=5+12$
$21+7=28$, また $7+21=28$. 両者は等しいから $21+7=7+21$

つまり，"加法は足す順番によらない"——これを加法の可換性という——といった規則である．後でまとめて整理するが，他にも

- 乗法の可換性　　$12 \times 5 = 5 \times 12$
- 分配法則　　$3 \times (4+5) = 3 \times 4 + 3 \times 5$

などがある．まず，こういった規則を書き表すことが課題である．

b. 文字の使用と"何であっても"

さて，加法の可換性は，$12+5=5+12$ が成り立つことだけを主張しているのではない．

$$11+5=5+11, \quad 7+21=21+7, \quad 17+3=3+17, \cdots$$

と，どんな数についても足し算の順番を入れ替えられることを主張しているわけだ．つまり，

> 2つの数が与えられたとき，それらが何であっても，第1の数と第2の数を足したものは第2の数と第1の数を足したものと等しい

というのが正確な表現だろうか．

しかし，これではなんとも長くて読みづらい．そこで，数学では文字を使って

加法の可換性
$$a+b=b+a$$

のように簡単に書き表すことが多い（たとえば高校の教科書）．これは，上の煩雑な文章をまず，

> 2つの数が与えられたとき——以下それらを a, b で表す——それらが $0, 1, 2, \cdots$ のうちの何であっても，$a+b=b+a$ が成り立つ

と書き換えておいて，暗黙の了解で通じることを徹底的に省略したものと考えられる．

確かに「2つの数が与えられたとき——以下それらを a, b で表す」あたりは省略しても数学では誤解を生む心配はあまりないのだが，「それらが $0, 1, 2, \cdots$ のうちの何であっても」に当たる表現を省略するのは，複雑なケースでは誤解を生ずる心配がないわけではない．

そこで，しばらくの間は，これは省略しないことにしておく．ところで，「a, b が $0, 1, 2, \cdots$ のうちの何であっても」という表現は
- $0, 1, 2, \cdots$ のうちのどんな a, b についても，
- $0, 1, 2, \cdots$ のうちの任意の～に対して，
- $0, 1, 2, \cdots$ のうちのすべての a, b について

とさまざまな書き換えができる．深く考えれば微妙な違いがあるのかもしれないが，そのいずれでもよい．とにかくそういった表現が入るということをきちんと押さえておくことが大切なのだ．しばらくの間，多少煩わしくても

---**加法の可換性**---

$0, 1, 2, \cdots$ のうちの任意の a, b に対して
$$a + b = b + a$$

のように書くことにする．

このように「任意の $\cdots\cdots$ に対して $\cdots\cdots$」というタイプの等式を**恒等式**という．

文字 a, b, c といった文字を使うとき，それらがいつでも恒等式として，つまり「任意の」が省略された意味で使われているわけではない．たとえば，ある本のなかに

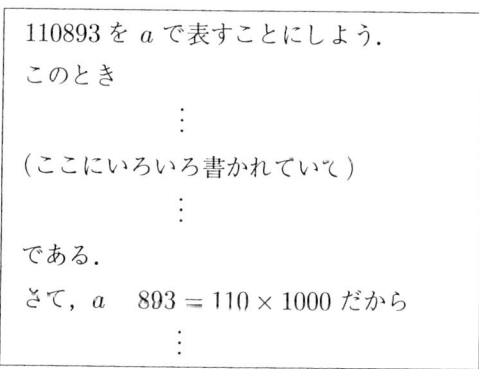

と書かれたページがあるとしよう．そこでの $a - 893 = 110 \times 1000$ という式

における文字 a は，数 110893 という決まった値をもっているわけだ．逆にいうと，$a - 893 = 110 \times 1000$ という式の真偽は，この式だけでは確定せず，上の方の文章を探して「110893 を a で表す」を見つけてようやく確定することになる．

もうひとつ別の例で，あるページに

$$a + b = b \times a$$

という式があったとしよう．もちろん「任意の a, b に対して」という意味ではこれは誤りである．しかし，この式より前に，

「$a = 2, b = 2$ とする．」

ということが書かれているならば，この式は正しい．文字の使い方というものは，普通考えられているよりもずっと，"常識による気を利かせた解釈" に依存しているのであり，まともに考え始めるとかなり難しい．

°このあたりのことは，コンピュータという，"常識による気を利かせた解釈" を一切してくれない硬直した頭脳を相手にした「プログラミング言語」を勉強すると痛感することになる．計算機屋は数学屋より文字については繊細な感性をもっているようだ．一方，数学は人間を相手にした言葉なので，常識に頼る比重が高いのだろう．そこで，そういった常識を身につけるためにも，省略の効いた簡潔な表現で理解させることも大切なのだろうけれども …… ここでは「寝た子を起こす」方針を原則として，「任意の a, b に対して」は省略しないことにしよう．

1.1.3 恒等式のまとめ

a. 等号と不等号

それでは，「任意の …… に対して」というタイプの関係式を整理することにしよう．

まず，加法や乗法といった演算とは無関係に，等号 "=" について成り立つ規則から始めよう．

---　等号の性質　---

　　反射律　　　任意の a に対して，　　　　　$a = a$
　　対称律　　　任意の a, b に対して，　　　　$a = b$ ならば $b = a$
　　推移律　　　任意の a, b, c に対して，　　（$a = b$ かつ $b = c$）ならば $a = c$

反射律，対称律，推移律という言葉については，単に「そう言うのだ」というだけでよい．上の3つはいずれも当たり前のことをいっているのだが，コメントが必要になるのは，「$0, 1, 2, \cdots$ のうちの任意の」ではなく，単に「任意の」といっていることだろう．ここでは，なにも数に限らず三角形などの図形であろうと等号の性質は成り立つのだから，「$0, 1, 2, \cdots$ のうちの」と限定したくはないのだ．「等号は数学の世界というよりは，もっと広く論理の世界の記号である」といった方がよいかもしれない．

　次から，いよいよ数学の世界の記号に入る．まずは不等号．不等号には $<$ と $\leqq$ があるが，ここでは $\leqq$ について関係式をまとめよう．

---　不等号の性質　---

　　反射律　　　$0, 1, 2, \cdots$ のうちの任意の a に対して，
　　　　　　　　$a \leqq a$
　　推移律　　　$0, 1, 2, \cdots$ のうちの任意の a, b, c に対して，
　　　　　　　　$a \leqq b$ かつ $b \leqq c$　　ならば　　$a \leqq c$
　　全順序性　　$0, 1, 2, \cdots$ のうちの2つの数 a, b に対して，
　　　　　　　　$a \leqq b$ か $b \leqq a$ のどちらかは必ず成り立つ

関係 "$a < b$" は，"$a \leqq b$ かつ $a \neq b$" として定義する．

　不等式については，この本では深入りはしない．せいぜい「数の大小を記号で表すとこうなる」という程度の使い方しかしない．

b. 演算と恒等式

　それでは，加法と乗法について成り立つ恒等式をまとめておこう．

―― 加法についての恒等式 ――――――――――――――――――――

  零の性質 $0, 1, 2, \cdots$ のうちの任意の a に対して，
$$a + 0 = a, \quad 0 + a = a$$

  結合法則 $0, 1, 2, \cdots$ のうちの任意の a, b, c に対して，
$$(a + b) + c = a + (b + c)$$

  可換性 $0, 1, 2, \cdots$ のうちの任意の a, b に対して，
$$a + b = b + a$$

――――――――――――――――――――――――――――――

"結合法則"，"可換性" といった言葉は，ただ「そう言うのだ」というだけで気にしないでよい．

コメント

 いずれも当たり前のことを述べているだけだが，"結合法則" についてはコメントが必要かもしれない．このような式をわざわざ "法則" としたのは，加法を "2 つの数についての演算" として捉えたからである．つまり，われわれは 3 つ以上の数の和については定義していないのだ．そこで，3 つの数 a, b, c の和 $a + b + c$ を，2 つの数に加法を行った結果（たとえば $a + b$ を計算したもの）に対してさらに残りの数（この場合 c）と加法を行った結果（つまり $(a + b) + c$ のこと）として定めることになる．そのとき，最初にどの 2 つの数について加法を行うかという選び方に結果が依存しないこと（つまり最初に $b + c$ を計算しておいて，その値と a との和 $a + (b + c)$ を計算しても結果が同じであること）を保証するために，結合法則が必要になるのだ．

 こうして 3 つの数の和 $a + b + c$ が加法を 2 回行った結果として定義されることになる．結合法則があれば，4 つ以上の数についても括弧をどのようにつけて計算しても結果が等しいことが証明できるのだが，きちんと証明を書くためには数学的帰納法が必要になり，けっこうめんどくさい．

加法の次は乗法である．

── 乗法についての恒等式 ──────────────

1 の性質　　$0, 1, 2, \cdots$ のうちの任意の a に対して，
$$a \times 1 = a, \quad 1 \times a = a$$

結合法則　　$0, 1, 2, \cdots$ のうちの任意の a, b, c に対して，
$$(ab)c = a(bc)$$

可換性　　　$0, 1, 2, \cdots$ のうちの任意の a, b に対して，
$$ab = ba$$

────────────────────────

$a \times b$ を $a \cdot b$ と書いたり，単に ab と書いたりする．上の式の $a(bc)$ は $a \times (b \times c)$ の意味である．

以上の恒等式は「知らないうちに使っている」という感じの式で，あまり有り難みの感じられる式ではないのだが，つぎの"分配法則"はなかなか使いでがある．

── 加法と乗法についての恒等式 ─────────

分配法則　　$0, 1, 2, \cdots$ のうちの任意の a, b, c に対して，
$$a(b+c) = ab + ac$$

────────────────────────

さて，繰り返しになるが，数学のテーマは「数とは何か？」,「加法とは何か？」と物事の本質を探究することではない．むしろ，上に述べた恒等式のような"数の振るまいについての関係式"を得て，それを展開していくことがテーマである．したがって，これらの恒等式は断固として守り抜くのだが，一方，数の意味づけや加法・乗法の意味づけはかなり自由に変えていくことになる．この本のこれからの展開は，これらの恒等式が成り立つように数の意味を拡張し（負の数），さらに，数や演算の意味を変えて，たとえば $3+4$ が 0 になるような世界（剰余系 $\Rightarrow$ 3 章）を定めて行くことになる．その場合でも，「上の恒等式は成り立つように保持していく」というのが基本方針である．

c. 等号と式計算

通常の「数学」の教程では，ここから分配法則を何度も用いて，2 乗や 3 乗の展開公式を導くといった式計算の練習が続くことになる．そして，この技術に

どのくらい馴染めるかが「数学が得意」かどうかの，ひとつの分岐点となるようだ．実際，このような「式計算の練習」は数学を本格的に勉強するためには，絶対に欠かせない．それは，式計算の技術に習熟するというだけでなく，数式というものに慣れ親しむという点でも重要なのである．喩えとしていうならば，小説を読む場合，その小説の登場人物が属する国の名前にある程度慣れ親しんでいないと，名前を追うだけで煩わしく，ストーリーにのめり込むことは難しいのではないだろうか．数学でも同じことで，数式というものとその変形操作に慣れ親しんでおかないと，数式や式変形を追うことだけで精一杯になり，新しいアイデアを追う余裕など到底もてないことになってしまう．やはり，一度は式の計算練習をやっておかなければならないのだ．

しかし，この本は演習書ではないので式計算の練習をする余裕はない．ここでは，「馴染みのない名前ばかりの小説を，片手にメモを持って我慢して読む」努力を期待することにしよう．

ただし，もう一度高校向け参考書などを引っぱり出してきて式計算の練習をしようと考えた人のために，この本の中でおそらく最も有効なアドバイスをしておこう．それは

等号 "=" は，"は" ではない．

ということである．世の中では等号 "=" を "は" 意味で使うことが気軽に行われている．たとえば，「クリントンはアメリカ人である」ということを「クリントン ＝ アメリカ人」と書いたりするのだ．このような書き方は，等号というものについての「信頼感」を失わせる作用があるので，大変にまずい．「クリントン ＝ アメリカ人」かつ「ジョン・ウェイン ＝ アメリカ人」だからといって「クリントン ＝ ジョン・ウェイン」だとはいえないのだから．数学での等号は "完全に同じ" 場合にのみ使われるのだ．まず，数学での等号に対して信頼感を取り戻すことから始めるべきである．そうすれば，複雑な式計算でも "当たり前のこと" の積み重ねに過ぎないことがわかってくるはずだ．

1.2 負の数への拡張

1.2.1 負の数と演算

さて，加法 "+" と乗法 "×" は調べたが，いまのところ減法 "−" や除法 "÷" は扱っていない．それでは，まず減法について調べ，負の数を定義することにしよう．

> 減法は加法に付随して定まるものとして扱い，独立した演算としては扱わない

という方針で臨む．つまり，減法は"加法についての方程式の解"として捉えるのだ．

$0,1,2,\cdots$ において方程式

$$134 + x = 139$$

を考える．ここでの"方程式"の意味は「x として $0,1,2,\cdots$ のどれを選べば $134 + x = 0$ が成り立つだろうか？ そもそも，そのような数 x は $0,1,2,\cdots$ のうちに存在するのか？」ということである．上の方程式は $x = 5$ という解をもち，他には解はない．一方，方程式

$$134 + x = 39$$

には解はない（x を $0,1,2,\cdots$ のなかだけで探していることに注意）．

134 とか 39 といった具体的な数で例示するのでなく，一般的にこのタイプの方程式を，暗黙の省略を行わずに提示するならば，

a, b を $0,1,2,\cdots$ のうちの任意の数として，

> x についての $0,1,2,\cdots$ における方程式
> $a + x = b$

となる．

コメント

　四角で囲んだりして，参考書のような書き方になってしまったが，これは単に「見栄えよくアクセントをつける」というためではなく，a, b は四角の外では「$0, 1, 2, \cdots$ のうちの任意の整数」なのだが，四角の中ではすでに（四角の外の世界で）決められている定数とみている点を感じてもらいたかったためだ．

　さて，方程式について調べるということは，
- 解が存在するかどうかを調べる
- 解が存在するならば，それを（1つでよいから）求める
- 解が存在するならば，それらをすべて求める

といった問題を解決することである．

　上の方程式については，解の存在問題は

$$a \leqq b \text{ のときにのみ，解は存在する}$$

と解決される．$a \leqq b$ のとき，この方程式の解を求めるのが引き算 "$-$" である．なお，この方程式では解が存在するときは1つだけだから，「すべて求める」という問題は特にやることはない．

　それでは，負の数を導入して上の方程式がいつでも解をもつようにしよう．そのために $-1, -2, -3, -4, \cdots$ と表される新しい数 "負の数" を考えることにする．そして，$0, 1, 2, \cdots$ と負の数を合わせたもの $\cdots, -3, -2, -1, 0, 1, 2, 3, \cdots$ を**整数**と呼び，まず，整数の加法を定義することにしよう．ここで，不等号の全順序性「$0, 1, 2, \cdots$ のうちの2つの数 a, b に対して，$a \leqq b$ か $b \leqq a$ のどちらかが必ず成り立つこと」を用いる．

- マイナスのつかない2つの数の和はいままで通りとする
- マイナスのつく数とマイナスのつかない数の和で，$23 + (-12)$ あるいは $(-12) + 23$ のように，マイナスのつかない数より小さい数にマイナスがついているときは $23 - 12 = 11$ と，マイナス記号をはずして大きい数から小さい数を引いたものを加法の結果とする
- マイナスのつく数とマイナスのつかない数の和で，$12 + (-23)$ あるいは

$(-23)+12$ のように，マイナスのつかない数より大きい数にマイナスがついているときは $23-12=11$ にマイナスをつけて -11 と，マイナス記号をはずして大きい数から小さい数を引いたものにマイナス記号をつけたものを加法の結果とする

- マイナスのつく2つの数の和は，マイナスをはずした2つの数の和にマイナス記号をつけたものする

なんとも煩雑な定義になってしまった．中学のときはもっと簡単に導入したと思うが，それは"負の数の意味"から加法を考えたから簡単だったのだ．ここでは，数の意味に頼ることなしに定義しようとしたので，こんなに煩雑になってしまった．

コメント

ここでは "…のように" と例示で説明を逃げたのだが，上の定義を文字を使って書こうとすると，意外にやっかいである．

こうして2つの整数の和を定めた．次にしなければならない作業は，こうして定めた加法が，ふたたび加法についての恒等式を満たすことを確かめることである．ただし，前には "$0, 1, 2, \cdots$ のうちの任意の $\cdots$ に対して" となっていたところがすべて，"任意の整数 $\cdots$ に対して" となる．

加法についての恒等式

零の性質　　任意の整数 a に対して，
$$a + 0 = a, 0 + a = a$$

結合法則　　任意の整数 a, b, c に対して，
$$(a+b) + c = a + (b+c)$$

可換性　　任意の整数 a, b に対して，
$$a + b = b + a$$

これらの性質を確かめること，特に結合法則を確かめることは，まともに記述すると結構わずらわしい．しかし，ひたすら場合分けをして確かめる単純作業

にすぎない．そこで，この作業は「やればできる」として，省略しよう．また，中学で学んだときのように「負の数の意味」から理解するのがしっくりするのなら，それでもよい．

さて，ここでは方程式 $a+x=b$ がいつでも解をもつようにしたい，という動機から負の数を導入して整数への拡張を行った．確かに，整数の範囲ではこの方程式の解はいつでも存在する．たとえば

$$134+x=39 \quad \text{の解は} \quad x=(-134)+39=-95$$

とすれば得られる．確かに，

$$\begin{aligned}134+(-95)&=134+((-134)+39))\\&=(134+(-134))+39=0+39\\&=39\end{aligned}$$

この方程式 $134+x=39$ の解が $x=(-134)+39=-95$ 以外にないことは，次のようにして確かめられる．

これからの話は，慣れないうちは意味があるようなないような奇怪なことをくだくだ書いているだけのように感じられると思うが，数学でよく使われるパターンの議論なので，がまんして読んでほしい．

方程式 $134+x=39$ の解が 1 つしかないことの証明
- まず，解として
  $x_1=-95$, つまり, $x_1=(-134)+39$ ……(1)
  があることは確認した．
- 他にも解 x_2 が存在すると仮定してみよう．すると，
  $134+x_2=39$
  なのだから
- 等式 (1) の 39 を $134+x_2$ を置き換えることができ，
  $x_1=(-134)+(134+x_2)$
- 結合法則と 0 の性質により
  $x_1=(-134)+(134+x_2)=(-134+134)+x_2$
  $=0+x_2=x_2$

つまり，$x_1 = x_2$ となってしまうのであり，
- "他の解" x_2 があると仮定して推論をすると $x_1 = x_2$ となってしまうのだから，x_1 以外に他の解は存在しない．

以上，方程式 $a + x = b$ の解はいつでも存在して，しかも 1 つだけ存在することがわかったので，それを $b - a$ と書くことにしよう．こうして，a, b の大小にかかわらず，引き算 "$-$" を定めることができた．

また，$-134 + x = -39$ のように方程式の係数 a, b が負の数であっても，解 $x = 134 + (-39)$ が存在して，他には解はない．

そこで，一般に，方程式 $a + x = b$ の解を $b - a$ と書くことにしよう．こうして，引き算 "$-$" が整数の範囲で定義された．

次は，整数の積を定義する．これも中学ではいろいろと意味づけを与えて説明するところなのだが，ここでは違う発想で積への拡張を行う．

1.2.2 整数の積：拡張の方針

積の演算を整数の範囲に拡張する．拡張の方針は次の 2 点である．

1) $0, 1, 2, \cdots$ の範囲で加法，乗法について得られた恒等式が整数でも成り立つようにする．
2) 整数 a, b について積 ab を定めるのだが，a, b が両方とも $0, 1, 2, \cdots$ の範囲にあるときは ab は（すでに定義されている）積の値と一致するようにする（これが "拡張" ということである）．

さて，このように方針を決めると，"マイナス × マイナス ＝ プラス" の意味について思い悩まずとも，積は自然に定まってしまう．まず，プラス × マイナス，たとえば，$7 \times (-5)$ の値が何になるかは次のように推論することにより決定される．

- 以前に決めたように $5 + (-5) = 0$ である．
- 両辺に 7 をかけると，右辺は 0 で，左辺は分配法則（これが成り立つことを要請している）を用いると

$$7 \times (5 + (-5)) = 7 \times 5 + 7 \times (-5) \text{ だから,}$$
$$7 \times 5 + 7 \times (-5) = 0$$

- ここで, $7 \times 5 = 35$ だから,
    $35 + 7 \times (-5) = 0$ が得られる.
- この式は $7 \times (-5)$ が方程式 $35 + x = 0$ の解であると主張していると読めるが, $35 + x = 0$ を満たす解 x は -35 だけだから,
    $7 \times (-5) = -35$

こうして, まず

$$7 \times (-5) = -(7 \times 5)$$

であること, つまり

$$\text{プラス} \times \text{マイナス} = \text{マイナス}$$

であることが導かれた. もちろん, "マイナス × プラス = マイナス" も成り立つ.

コメント

"マイナス × プラス = マイナス" という表現では, 等号 "=" を "は" の意味で使っているのでは? その通りである. しかし, マイナス × プラスとかいう表現自身, 数学として意味があるわけではなく, 要するにこれは単なる記憶のためのスローガンのようなもの. だから等号 "=" を "は" の意味で使うようないい加減なことをしても実害はなさそう, ということなのだ.

次は, "マイナス × プラス = マイナス" を利用して, 同じようにして "マイナス × マイナス" を導く.

たとえば, $(-7) \times (-5) = 35$ を導くためには, まず, $5 + (-5) = 0$ の両辺に (-7) をかけて,

$$0 = (-7) \times 0 = (-7) \times (5 + (-5))$$
$$= (-7) \times 5 + (-7) \times (-5)$$

ここで, $(-7) \times 5 = -35$ はすでに導いてあるので,

$$0 = (-35) + (-7) \times (-5)$$

となる．このことから，$(-7)\times(-5)$ が方程式 $(-35)+x=0$ の解 35 と一致することがわかる．つまり，

$$(-7)\times(-5)=35$$

このようにして，"もし，積の演算を恒等式を保つように整数の範囲に拡張することができるとすれば"，

マイナス × プラス = マイナス，　マイナス × マイナス = プラス

でなければならないことが導かれた．

コメント
　"もし ···· ができるとすれば" という制約を外すためには，逆に，このように整数の範囲で定義した積が，恒等式をすべて満たすことを確かめなければならない．しかし，これは単純作業なのでサボルことにしよう．

とにかく，加法と乗法を $0,1,2,\cdots$ の範囲から整数まで拡張することができ，整数の範囲でも加法・乗法は先に掲げた性質"加法についての恒等式"の他にも，

乗法についての恒等式

1 の性質　　　任意の整数 a に対して，
$$a\times 1=a, 1\times a=a$$

結合法則　　　任意の整数 a, b, c に対して，
$$(ab)c=a(bc)$$

可換性　　　任意の整数 a, b に対して，
$$ab=ba$$

が成り立ち，さらに

加法と乗法についての恒等式

分配法則　　　任意の整数 a, b, c に対して，
$$a(b+c)=ab+ac$$

を満たすようにすることができたことにする．

また，任意の整数 a, b に対して，加法についての方程式

$$a + x = b$$

は整数の範囲で唯一の解をもち，それを求める演算として "引き算" $b - a$ を定めることができた．

さて，こうなると次の話の組立ては見当がつくと思う．すなわち

> 乗法についての方程式
> $$ax = b$$
> を通じて "割り算" について検討する

である．次のテーマは割り算である．

1.3　割　り　算

1.3.1　3つの割り算

a. 2つの割り算

まず，"割り算" と呼ばれるものには2つあったことを思い出しておこう．ひとつは

$$17 \div 5 = \frac{17}{5}$$

というふうに "分数" として答えを出すやり方であり，もうひとつは

$$17 \div 5 \text{ は } 3 \text{ 余り } 2$$

というふうに商と余りという形で答えを出すやり方である．

これらを "意味" という点から捉えるならば，分数として答えを出す割り算は「17 kg の銀を 5 人で分けると一人当たり 17/5 kg」というふうに，数を重さや長さなどの "量" として捉えたときの割り算であり，数を "ものの個数" として捉える見方とは異質である．一方，商と余りという捉え方は，「17 個のリンゴを

5人で分けると一人当たり3個で2個余る」という意味で，"ものの個数"と関連した割り算である．

結論からいうと，この本では「整数の範囲での数学」を展開したいので，最初のタイプの割り算は扱わない．しかし，なぜ分数として答えを出す割り算を扱わないかという点について，"数の意味づけ"という見地からではなく，"積についての方程式"という見地から，もう少し説明をしておきたい．

b. もうひとつの割り算

加法についての方程式 $a+x=b$ から数の範囲を拡張して整数を構成したのと同様に，

　　乗法についての方程式 $ax=b$ を通じて整数をさらに拡張していく

という方針も魅力的なアプローチである．実際，このようにして有理数（平たくいえば分数で表される数のこと）へ数を拡張し，そこからさらに実数へと進む道もある．これが"分数として答えを出す割り算"へ進む道である．しかし，この本では，そのように整数からさらに数の範囲を拡張していくという道は，テーマではなく，あえて整数の範囲に留まることにする．その理由は「方程式 $ax=b$ については，<u>解が存在するか</u>，というテーマがとても<u>面白いから</u>」である．

それでは，乗法についての方程式 $ax=b$ について検討して，まず，"もうひとつの割り算"を定義しよう．「定義しよう」はちょっと大げさだった．なんのことはない，

　　たとえば $15 \div 3 = 5$，しかし，たとえば $17 \div 3$ は"できない"

とするだけのことである．これは，引き算を，まだ $0, 1, 2, \cdots$ のうらだりで考えていた頃，

　　加法についての方程式 $a+x=b$ が解をもつとき，その答えが"引き
　　算" $b-a$ であり，解をもたないときは，「引き算はできない」

としていたのと，まったく同じ発想である．そして，「できない」のは不便だから「できる」ようにするため整数へと拡張したのだから，ここでも拡張を行う

のは自然なアプローチであり、それが最初のタイプの割り算 $17 \div 5 = 17/5$ であると考えることができる（「個数か量か」いった意味づけからは離れて"拡張"という見地に立っていることに注意）。

しかし、$0, 1, 2, \cdots$ の範囲で考えた加法についての方程式 $a + x = b$ と乗法についての方程式 $ax = b$ との大きな違いは、方程式 $a + x = b$ では「解の存在の問題」は「$a \leq b$ のときのみ存在する」と、きわめて簡単に解決されてしまったのと対照的に、方程式 $ax = b$ では「解の存在の問題」

整数 a, b がどのような条件を満たすとき、方程式 $ax = b$ の解が存在するか？

はなかなか複雑である。もちろん、普通の言葉で「b が a で割り切れるとき」といってしまえばお終いなのだが、ここでの立場は、逆に「割り切れるとき」ということを「解が存在するとき」ということとして捉えよう、ということである。

簡単なケースからいこう。まず、$b = 0$ のとき。このときは、a が何であっても、解は存在する（$x = 0$ とすればよい）。また、$a = 0$ のときは、b も 0 でない限り解は存在しない。$a = 1$ のときは、いつでも解が存在する（$x = b$ とすればよい）。

それでは、a を $0, 1$ でない整数であるとして、どのような b に対して方程式 $ax = b$ に解が存在するかを調べてみよう。それはすぐにわかる。b が

$$0, a, 2a, 3a, 4a, \cdots$$

のとき解は存在し、それ以外のときには解は存在しない（しまった！ 整数の範囲で考えているのだから、他にも b が $-a, -2a, -3a, \cdots$ でもよかった）。こうして**倍数**という概念にたどり着く。整数 b が整数 a の倍数であるとは、$b = ax_0$ を満たす整数 x_0 が存在するときである。

次に、b を固定してどのような a に対して解が存在するかを調べてみよう。

今度は、かなり複雑である。たとえば、$b = 12$ とすると、a が

$$1, 2, 3, 4, 6, 12, -1, -2, -3, -4, -6, -12$$

のいずれかのとき方程式 $ax = b$ は解をもち、それ以外のときは解は存在しな

い．このように，$1, 2, 3, 4, 6, 12, -1, -2, -3, -4, -6, -12$ は "12がその倍数となるような整数" つまり，**約数**である．この例の 12 のように，比較的多数の約数をもつ整数もある一方，たとえば，13 の約数は $1, 13, -1, -13$ だけである．どのような（0 でない）整数 b に対しても，$1, b, -1, -b$ はいつでも b の約数になる．このような約数を**自明な約数**ということにしよう．すると，「13 は自明でない約数をもたない整数である」ということができる．そこで「自明でない約数をもたない整数」を**素数**と呼ぶことにする．ただし，13 が自明でない約数をもたないならば，-13 も自明でない約数をもたない，というふうに，「自明でない約数をもたない整数」はいつでもプラス・マイナスでペアになっているので，正の整数についてだけ調べれば十分である．そこで，素数というときには「自明でない約数をもたない正の整数」に限ることにする．また，普通，1 は素数とはいわない．

素数でない数を**合成数**という．ただし，この場合も，1 は素数と呼ばないことにしたからといって，1 を合成数とはいわない．

小さい順にいくつか素数を列挙してみると，

$$2, 3, 5, 7, 11, 13, 17, 19, 23, 29, 31, 37, 41, 43, 47, 53, \cdots$$

となる．

以上，倍数，約数，素数を定義した．倍数，約数について整理すると，「b が a で割り切れる」こと，「b が a の倍数である」こと，「a が b の約数である」ことは結局，同じことである．ただし，「0 は 0 の倍数である」ということはよいのだが，「0 は 0 で割り切れる」とか「0 は 0 の約数である」というと，ちょっと抵抗を感じるのだが．

「b が a で割り切れる」ことは，また，「a は b を割り切る」（a divides b）ということができ，記号で

$$a|b$$

と表す．たとえば，$3|6$, $6|24$．

コメント

これは便利な記号なのだが，どうも日本語としては「割り切れる」の方が

「割り切る」よりも自然なためか，$a|b$ を「a は b で割り切れる」と読んでしまいがちである．

"割り切る"について次のことが成り立つ．

$$(a|b \text{ かつ } b|c) \quad \text{ならば} \quad a|c$$

[証明]　$a|b$ であるとすると，$b = ax_1$ を満たす整数 x_1 が存在する．また，$b|c$ とすると，$c = bx_2$ を満たす整数 x_2 が存在する．このとき，$c = bx_2 = (ax_1)x_2 = a(x_1x_2)$ であるので，c は a の倍数であり，$a|c$.　□

1.3.2　素　数

上の性質を用いると，

$$\text{正整数 } a \text{ が合成数ならば } a \text{ を割り切る素数 } p \text{ が存在する}$$

ということが示される．

[証明]　a の自明でない正の約数のうちで最小のものを p とする．このとき，p は必ず素数になる．なぜなら，もし p が素数でないなら，それは自明でない正の約数 q をもつことになるが，そうすると

$$q|p \quad \text{かつ} \quad p|a$$

であるから $q|a$ となってしまう．このことは，q が，"p より小さい，a の自明でない正の約数"であることを意味し，p が"最小"であることと矛盾してしまう．よって p は素数である．　□

コメント

「もし p が素数でないならば …… 矛盾してしまう．よって p は素数である」という論証が，いわゆる背理法である．このような論証を行う背景には「数学では正しく推論すれば<u>絶対に矛盾は生じない</u>．だから，何かを仮定して矛盾が生じたなら，その仮定の否定が証明されたことになる」という，数学には矛盾がないという数学者の自信がある．

素数について，もうひとつ，ちょっと唐突に感じるかもしれないが，次の性質を指摘しておこう．

素数の性質　素数 p が整数の積 ab を割り切るならば，$p|a, p|b$ のいずれかは成り立つ．

ここで p が素数であることは外すことができない．p が素数でない数，たとえば 6 のとき，$a = 3, b = 4$ とすると，p は $ab(= 12)$ の約数だが，3, 4 いずれも 6 の倍数ではない．

意外なことだが，証明をしようとすると，それほど簡単ではない．ここでは証明はサボルことにする．

コメント

そうする理由は，めんどくさいからだけではない．むしろ，ここで証明を書くと何が使ってよいことで，何が証明を必要とすることなのか，ということがわからなくなってしまう心配があるからだ．たとえば，「素因数分解を考えれば当たり前ではないか」とも考えられるのだが，フォーマルに理論を展開するときは，上の性質をまず証明して，それを使って「素因数分解の一意性」というものを証明するという道筋をたどる．しかし，なぜそうしなければならないか，がわかるのは，かなり理解が進んでからのことである．したがって，サボルことにする．

また，これも唐突ではあるが，整数の性質をもうひとつ述べておこう．

整数の整域性　$ab = 0$ ならば，$a = 0, b = 0$ のいずれかは成り立つ．

ここでは，この性質と上の"素数の性質"の関連は見えないと思う．しかし，もう少し話を展開すると，この 2 つの関連がわかってくるはずである．

1.3.3　表記の問題点

さて，$ax = b$ が解をもたない場合，つまり b が a の倍数でない場合，「割り切れない」理由を「余りがでる」という観点から捉えることもできる．それが，「b を a 割ると商が q で余りが r」という「割り算」である．ところで，小学

校以来,「b を a で割ると商が q で余りが r」ということを

$$b \div a = q \cdots r$$

と書いてきた.しかし,この書き方は,等号の使い方として非常にまずい.この書き方での記号 "=" は実は,日本語の "は" にすぎないのであって,右辺と左辺が等しいということを表しているわけではないのだ.これに気づかずに等号として扱うととんでもないことになる.

まがいものの "パラドックス"

たとえば,

$$16 \div 5 = 3 \cdots 1, \quad 13 \div 4 = 3 \cdots 1$$

であり,$16 \div 5$, $13 \div 4$ がともに $3 \cdots 1$ に等しいので,

$$16 \div 5 = 13 \div 4$$

となる.この両辺に $20 (= 5 \cdot 4)$ をかけると

$$16 \times 4 = 13 \times 5$$

となる($64 = 65$?!).

もちろん,これはパラドックスではない.等号でもないものを等号と考えたのが誤りというだけのことだ.しかし,このような危なさがあるので,商と余りを表現する書き方としては,$16 \div 5 = 3 \cdots 1$ ではなく $16 = 5 \times 3 + 1$ という書き方をした方がよい.一般に,「b を a で割ると商が q で余りが r」は

$$b = aq + r$$

と書かれる.特に $r = 0$ となっているときには,$aq = b$ と表されるので,b は a の倍数である.こうしてみると,0 でない余り r は「b が a の倍数となることの妨害となっている」と解釈することができる.

さて,これからは,たいていの場合,整数 b を正の整数 a で割った商と余りを考えることになる.その場合,余り r は 0 以上 a 未満の整数となるようにする.ここで,b としては正の整数に限らず負の整数も考えているところが普通と少し違うので,練習をしておこう.

1.3.4 練習

割る数 a は 7 に固定しておこう．まず，割られる数 b が正の整数のときは，特に注意することはない．

例 1. $b = 15$ のとき，$15 \div 7$ の商は 2，余りは 1 だから $15 = 7 \times 2 + 1$，
$b = 25$ のとき，$25 \div 7$ の商は 3，余りは 4 だから $25 = 7 \times 3 + 4$，
同様に $17 = 7 \times 2 + 3$，
$13 = 7 \times 1 + 6$

また，$21 = 7 \times 3 + 0$ である．$3 = 7 \times 0 + 3$, とか $0 = 7 \times 0 + 0$ はちょっと奇異に感ずるかもしれないが，これでよい．もちろん，"+0" は書かなくてもよい．

次に割られる数 b が負の場合を調べてみよう．この場合は，「商が…で余りが…である」というよりは，いきなり $b = aq + r$ を満たす整数 q と r，ただし $0 \leqq r < a$，を探すと考えるべきである．

例 2. $a = 7$ で割った余りは，
$b = -5$ のとき， $-5 = 7 \times (-1) + 2$,
$b = -13$ のとき， $-13 = 7 \times (-2) + 1$,
$b = -14$ のとき， $-14 = 7 \times (-2)$

最初はちょっととまどうかもしれないが，少し練習すれば，じきに慣れると思う．

> **コメント**
> 任意の整数 b と任意の正整数 a に対して
> $$b = aq + r, \quad \text{かつ} \quad 0 \leqq r < a$$
> を満たす整数 q, r が存在すること，つまり，"割り算ができる" ということも，本来は証明すべきことである．しかし，この証明も，やはり「何が使ってよいことで，何が証明すべきことなのか？」という不安を与えることになってしまうので，証明はせずに，認めてしまうことにしよう．

これからは，割り切れるということとの関連として，商よりは余りに着目することになる．それでは，最後に，7で割った余りのパターンを見ておこう．

例 3. $a=0,1,2,3,\cdots$ を $b=7$ で割った余りは周期的な繰り返しになる．

a	0	1	2	3	4	5	6	7	8	9	10	11	12	13
余り r	0	1	2	3	4	5	6	0	1	2	3	4	5	6

a	14	15	16	17	18	19	20	21	22	……
余り r	0	1	2	3	4	5	6	0	1	……

a が負の数になっても同様でやはり，周期7の繰り返しになる．

a	-21	-20	-19	-18	-17	-16	-15
余り r	0	1	2	3	4	5	6
a	-14	-13	-12	-11	-10	-9	-8
余り r	0	1	2	3	4	5	6
a	-7	-6	-5	-4	-3	-2	-1
余り r	0	1	2	3	4	5	6
a	0	1	2	3	4	5	6
余り r	0	1	2	3	4	5	6
a	7	8	9	10	11	12	13
余り r	0	1	2	3	4	5	6
a	14	15	16	17	18	19	20
余り r	0	1	2	3	4	5	6
a	21	22	23	24	25	26	27
余り r	0	1	2	3	4	5	6
a	28	29	30	31	32	33	34
余り r	0	1	2	3	4	5	6

こうなると，いちいち下に余りを書くのも煩わしい．余りは表の上に書くだけにしておき，太字の数字を曜日と思えば"カレンダーのようなもの"ができあがる．

0	1	2	3	4	5	6
-21	-20	-19	-18	-17	-16	-15
-14	-13	-12	-11	-10	-9	-8
-7	-6	-5	-4	-3	-2	-1
0	1	2	3	4	5	6
7	8	9	10	11	12	13
14	15	16	17	18	19	20
21	22	23	24	25	26	27
28	29	30	31	32	33	34

これが次章からのテーマとなる．

2
合同式

2.1 定義と基本性質

　この章では合同式という，等式と類似した記法を導入し，それを用いて"余り"を効率よく調べる．合同式では，正整数 m を固定して，"m で割った余りが等しい"ということを"等しい"と同じように見なして計算することになる．合同式はなかなか威力のある記法で，合同式を使うと"割った余り"についての，やっかいそうな問題が手品のように簡単に処理されていくことになる．

2.1.1 合同式の定義

　2 つの整数 a, b について，a, b の差が正整数 m で割り切れるとき，つまり $m | (a-b)$ のとき，

$$a \equiv b \mod m$$

と書き，

　　　　　　　a は b と，m を法として合同である
　　　　　　　　(a is congruent to b modulo m)

という．

例 4.

$$13 \equiv 4 \mod 9, \quad 13 \equiv 1 \mod 3, \quad 100 \equiv 0 \mod 4$$
$$16 \equiv 16 \mod 17, \quad 33 \equiv -1 \mod 17, \quad -3 \equiv 2 \mod 5$$

上の例で，たとえば $33 \equiv -1 \mod 17$ は，$a = 33, b = -1$ として $a - b = 33 - (-1) = 34 = 17 \cdot 2$ であることからわかる．

それでは $a \equiv b \mod m$ を満たす2つの整数 a, b について，それぞれを"m で割った余り"を調べてみよう．1章で見たように，a, b はそれぞれ，q_1, q_2 を商，r_1, r_2 を余りとして

$$a = mq_1 + r_1, \qquad b = mq_2 + r_2$$

と表すことができる．ここで，r_1, r_2 は0以上，$m - 1$ 以下の整数である．このとき，$a - b$ は

$$a - b = (mq_1 + r_1) - (mq_2 + r_2) = m(q_1 - q_2) + (r_1 - r_2)$$

となる．右辺の第1項 $m(q_1 - q_2)$ は m の倍数であり，第2項 $(r_1 - r_2)$ が m の倍数になるのは $r_1 = r_2$ のときだけであることに気づくと，$a - b$ が m の倍数となるのは余り r_1, r_2 が等しいときであることがわかる．

つまり，a が b と，m を法として合同であるとは，

$$a \text{ を } m \text{ で割った余りと } b \text{ を } m \text{ で割った余りが等しい}$$

ということである．

コメント

ただし，「-3 を5で割った余りは2」($-3 = 5 \cdot (-1) + 2$ だから）といった感性に馴染むまでは「a, b の差が m で割り切れる」という捉え方の方がわかりやすいかもしれない．

2.1.2 基本性質

a. 同値関係

合同式では法 m は固定して考えることが多いのだが，最初にまず，法を変えるときの性質を片づけておこう．

--- 合同式の性質 1 ---------------------------------

正整数 n が正整数 m の倍数で,かつ $a \equiv b \bmod n$ ならば

$$a \equiv b \bmod m$$

これは,

$$n \text{ が } m \text{ の倍数であるので } n = mk,$$
$$a \equiv b \bmod n \text{ であるので } a - b = n\ell$$

と表され,よって

$$a - b = n\ell = (mk)\ell$$
$$= m(k\ell)$$

つまり,$a - b$ は m の倍数,となることからわかる.

--- 合同式の性質 2 ---------------------------------

任意の整数 a は正整数 m を法として $0, 1, \cdots, m-1$ のいずれかと合同

これは,"余り"の定義からわかる.

次は,法 m を固定して考えると

 合同式の記号 "$\equiv$" は等号 "$=$" と似ている

という主張である.

2.1 定義と基本性質

―― 合同式の性質 3：同値関係 ――――――――――――――――――

(a) 任意の整数 a について

$$a \equiv a \mod m$$

(b) 任意の整数 a, b について

$$a \equiv b \mod m \text{ ならば } \quad b \equiv a \mod m$$

(c) 任意の整数 a, b, c について

$$(a \equiv b \mod m \text{ かつ } b \equiv c \mod m)$$

  ならば

$$a \equiv c \mod m$$

――――――――――――――――――――――――――

たとえば，(c) は $a - b = mk, b - c = m\ell$ ならば，

$$a - c = (a - b) + (b - c) = mk - m\ell$$
$$= m(k - \ell)$$

であることからわかる．

コメント

上の性質は，等号の場合と違って，整数に対してのみ意味をもつ．これを強調するためにも，律儀に「任意の…について」を入れておいた．しかし，なんとも煩わしい．「任意の…について」は，やはり適当に省略して書くことにしよう．

b. 演算との関係

それでは，最も使いでのある性質に行こう．これらは，「合同式 "≡" の計算は等式 "=" の計算とほとんど同じ」ということをいっている．

―― 合同式の計算法 ―――――――――――――――――――

$a_1 \equiv a_2 \mod m$ かつ $b_1 \equiv b_2 \mod m$ ならば

(a) $a_1 + b_1 \equiv a_2 + b_2 \mod m$

(b) $a_1 - b_1 \equiv a_2 - b_2 \mod m$

(c) $a_1 \cdot b_1 \equiv a_2 \cdot b_2 \mod m$

――――――――――――――――――――――――――

たとえば (c) は，次のようにして導かれる．

$$a_1 \equiv a_2 \bmod m \text{ だから } a_2 = a_1 + mk$$
$$b_1 \equiv b_2 \bmod m \text{ だから } b_2 = b_1 + m\ell$$

と表され，したがって

$$\begin{aligned}a_2 b_2 &= (a_1 + mk)(b_1 + m\ell)\\ &= a_1 b_1 + (a_1 \ell + k b_1 + mk\ell)m\end{aligned}$$

よって，$a_2 b_2 \equiv a_1 b_1 \bmod m$．

他も同様に示される．

このような，「性質とその証明」は，そろそろいやになってくる頃かもしれない．確かに論証は必要なのだが，これくらいにしておいて，合同式を使ってどんどん計算して，その面白さを堪能することにしよう．

2.2　合同式の応用

それでは，合同式を使う練習をしてみよう．

2.2.1　割り切れる数
a．十進法

まず，割り切れる，割り切れない，を数字の字面から調べるテクニックを紹介しよう．

1905 のように十進法で数を表したときの，各桁の数字 $1, 9, 0, 5$ の役割は

$$1905 = 1 \times 1000 + 9 \times 100 + 0 \times 10 + 5$$

ということである．100 と 1000 は，それぞれ $10^2, 10^3$ と書くと便利である．要するに，$10^2, 10^3$ は 10 を 2 つかけあわせたもの，10 を 3 つかけあわせたものを表している．一般に，a を k 回かけあわせたものを，a^k で表す．この表記を使うと，たとえば 100,000,000 は 10^8 と表され，いちいちゼロの個数を数え

なくても大きさの程度がわかるので便利である．(ただし慣れればの話だが …．
「10^8 円」と言うより，「1 億円」と言った方がやはりインパクトが強い？)

b. mod 9 トリック

最初は「ある数を 9 で割った余りは，その数の各桁の数字の和を 9 で割った余りに等しい」という性質から始めよう．

例 5. $1327 \equiv 1+3+2+7 \equiv 4 \bmod 9$

つまり，1327 を 9 で割った余りは，$1+3+2+7 = 13$ を 9 で割った余り 4 に等しい（実際，電卓を使って計算すると $1327 = 9 \times 147 + 4$）．

それでは，このように計算できる理由を考えてみよう．1327 は

$$1 \times 10^3 + 3 \times 10^2 + 2 \times 10 + 7$$

と表される．まず，$10, 10^2, 10^3$ について，mod 9 で考えて

$$10 \equiv 1 \bmod 9$$

だから，合同式の計算法の (c) を使うと

$$10^2 = 10 \cdot 10 \equiv 1 \cdot 1 = 1 \bmod 9$$

したがって，再び (c) を使って

$$10^3 = 10^2 \cdot 10 \equiv 1 \cdot 1 = 1 \bmod 9$$

であり，合同式の計算法の (a), (c) から

$$\begin{aligned}
1327 &= 1 \cdot 10^3 + 3 \cdot 10^2 + 2 \cdot 10 + 7 \\
&\equiv 1 \cdot 1 + 3 \cdot 1 + 2 \cdot 1 + 7 \bmod 9 \\
&= 1 + 3 + 2 + 7 \\
&= 13 \equiv 4 \bmod 9
\end{aligned}$$

□

上の例では $10^3 \equiv 1 \mod 9$ までしか調べなかったが，$10^4, 10^5, \cdots$ の場合でも同じく 1 と合同であることが導かれる．つまり，「ある数を 9 で割った余りは，その数の各桁の数字の和を 9 で割った余りに等しい」は何桁の数についても，一般的に成り立つ．

例 6. 19990715 を 9 で割った余りは 5

実際
$$19990715 \equiv 1+9+9+9+0+7+1+5$$
$$\equiv 5 \mod 9$$

例題 1. 19990715×666 を計算した答えが 13318816190 になった．これは計算間違いであることを示せ．

［解答］
$$666 \equiv 6+6+6 = 18 \equiv 0 \mod 9$$
だから，
$$19990715 \times 666 \equiv 0 \mod 9$$
なのだが，一方，
$$13318816190 \equiv 1+3+3+1+8+8+1+6+1+9+0$$
$$\equiv 5 \mod 9$$
したがって，19990715×666 と 13318816190 は 9 を法として合同ではなく，まして等しいはずがない．

次は，「3 で割った余り」つまり，$m = 3$ のケース．

例 7. 19990715 を 3 で割った余りは 2

まず，mod 9 で考えると

2.2 合同式の応用

$$19990715 \equiv 1+9+9+9+0+7+0+1+5 \equiv 5 \mod 9$$

さらに，$3|9$ だから

$$19990715 \equiv 5 \equiv 2 \mod 3$$

□

つまり，「各桁の数字の和と合同」は mod 3 でも成立する．

もちろん，mod 9 を経由せずに，

$$10 \equiv 1 \mod 3$$

から直接，この性質を導くこともできる．

c. 各桁の数字の ……

「各桁の数字の和」とはいかないが，9 や 3 以外の数についての余りも，調べてみるとなかなか面白い．

例題 2. 3456789012 を 11 で割った余りを求めよ．

[解答]　mod 11 で考えると

$$10 \equiv -1 \mod 11,$$
$$10^2 \equiv (-1)^2 = 1 \mod 11$$
$$10^3 = 10^2 \cdot 10 \equiv 1 \cdot (-1) = -1 \mod 11$$

であり，以下，$1, -1, 1, -1, 1, \cdots$ と繰り返しになる．つまり

$$10^{2k} \equiv 1 \mod 11$$
$$10^{2k+1} \equiv -1 \mod 11,$$

よって，

$$3456789012 \equiv -3+4-5+6-7+8-9+0-1+2$$
$$= -5 \equiv 6 \mod 11$$

□

例題 3. 893893184184110110 を 7 で割った余りを求めよ．

［解答］ 3 桁の数字が 2 度ずつ続いていることを利用する．

$$\underline{893893}\underline{184184}\underline{110110}$$
$$= 893893 \times 10^{12} + 184184 \times 10^6 + 110110$$

mod 7 では

$$10 \equiv 3,$$
$$10^2 \equiv 3 \cdot 3 \equiv 2,$$
$$10^3 \equiv 10^2 \cdot 10 \equiv 2 \cdot 3 \equiv -1$$

だから，

$$10^3 + 1 \equiv -1 + 1 = 0 \mod 7$$

よって，

$$893893 = 893 \times 10^3 + 893 = 893 \times (10^3 + 1)$$
$$\equiv 893 \times (-1 + 1) = 0 \mod 7$$

であり，同様に，

$$184184 \equiv 0 \mod 7, \quad 110110 \equiv 0 \mod 7$$

となる．よって，

$$893893184184110110 = 893893 \times 10^{12} + 184184 \times 10^6 + 110110 \equiv 0 \mod 7$$

□

2.2 合同式の応用

例題 3 は，$10^3 + 1 \equiv 0 \bmod 7$ が根拠となって成立しているわけだ．mod 7 以外でも，たとえば

$$10^3 + 1 \equiv 0 \bmod 11$$

だから

$$893893184184110110$$

は 11 でも割り切れる．

それでは，7 と 11 以外に，このような数があるだろうか？

<u>答え</u>　ある．　$1001 \div (7 \times 11) = 13$

2.2.2　ちょっと進んだ問題
a. 周期性

最初に，指数表記 a^k について少し補足説明をしておこう．

1) a^k は a を k 回かけあわせたものを表す $(k = 1, 2, 3, \cdots)$．

$$a^k = \overbrace{a \cdot a \cdots \cdots a}^{k\,回}$$

2) $a^k \times a^\ell = a^{k+\ell}$

3) $a^0 = 1$

4) $(a^k)^\ell = a^{k\ell}$

1) は定義を繰り返しただけ．2) は「a を k 回かけあわせたものと a を ℓ 回かけあわせたものの積は，a を $(k+\ell)$ 回かけあわせたもの」ということ．3) は「このように約束する」ということである．そうしておくと，2) が $k = 0$ や $\ell = 0$ のときにも成り立ち，便利である．4) は「a を k 回かけあわせたものを ℓ 回かけあわせるということは，a を $k \times \ell$ 回かけあわせるということ」と解釈できる．

例題 4. 10^{500} を 7 で割った余りを求めよ．

［解答］　7 を法として

$$10 \equiv 3,$$

$$10^2 \equiv 3 \cdot 3 \equiv 2,$$
$$10^3 \equiv 10^2 \cdot 10 \equiv 2 \cdot 3 \equiv 6 \equiv -1$$
$$10^6 \equiv 10^3 \cdot 10^3 \equiv (-1)(-1) = 1$$

こうして
$$10^k \equiv 1 \mod 7$$

となる k, ここでは $k = 6$ が見つかると, あとの
$$10^{k+1}, 10^{k+2}, \ldots\ldots$$

はそれまでの値の繰り返しとなる．つまり
$$10^7 \equiv 10^6 \cdot 10^1 \equiv 1 \cdot 10^1 \equiv 3$$
$$10^8 \equiv 10^6 \cdot 10^2 \equiv 1 \cdot 10^2 \equiv 2$$
$$10^9 \equiv 10^6 \cdot 10^3 \equiv 1 \cdot 10^3 \equiv -1$$
$$\vdots$$

よって, 500 を 6 で割ると $500 = 83 \times 6 + 2$ であることより,
$$10^{500} = 10^{83 \cdot 6 + 2} = (10^6)^{83} \cdot 10^2$$
$$\equiv 1^{83} \cdot 10^2 = 1 \cdot 2 = 2 \mod 7$$

□

　上の例題の要点は「周期を見つけること」である．
　7 を法として
$$10^0, 10^1, 10^2, 10^3, 10^4, 10^5, 10^6, 10^7, 10^8, \cdots$$

を計算すると
$$\overbrace{1, 3, 2, -1, -3, -2}, \overbrace{1, 3, 2, -1, -3, -2}, 1, 3, \cdots$$

と周期的な繰り返しになる．よって, この周期さえわかれば, 10^{500} は 500 をその周期で割った余りを r として, 10^r を計算することにより求められる．

2.2 合同式の応用

例題 5. 2^{500} を 17 で割った余りを求めよ．

[解答]　17 を法として，$2, 2^2, 2^3, \cdots$ を計算してみると

$$2^1 = 2,\ 2^2 = 4,\ 2^3 = 8,\ 2^4 = 16 \equiv -1$$

したがって

$$2^8 = (2^4)^2 \equiv (-1)^2 \equiv 1 \bmod 17$$

である．そこで，500 を周期 8 で割ると

$$500 = 8 \times 62 + 4$$

であり

$$2^{500} \equiv (2^8)^{62} \cdot 2^4$$
$$\equiv 1^{62} \cdot 2^4 = 16 \bmod 17$$

□

この解を検討してみると，$500 = 8 \times 62 + 4$ の商 62 は実質的には使われていないことに気がつく．必要なのは余りだけであって，商は必要ない．そこで，上の解答の後半を

$$2^8 \equiv 1 \bmod 17$$

であり，

$$500 \equiv 4 \bmod 8$$

だから

$$2^{500} \equiv 2^4 = 16 \bmod 17$$

と書き直すことも可能である．

さて，上の例題で 2^{500} mod 17 を求めたが，それでは 3^{500} mod 17 ならば，どうだろうか．この場合も，

$$3^2 \equiv 9, \quad 3^3 \equiv 10, \cdots$$

と計算を続けて周期を見つければよいのだが，やってみると，ちょっと面倒である．さらに，これが"法を 97 として 5^k, $k=1, 2, \ldots$, の周期を探す"となると途中でいやになってしまう（実は周期は 96 であり，$k=96$ まで計算しなければならない）．

そこで，「周期を見つける何かうまい方法はないか？」となるのだが，この問題への手がかりは，4 章で扱うフェルマーの小定理により得られることになる．

b. 数学オリンピックの問題から

もう一題，例題を解いておこう．この問題は 1964 年の国際数学オリンピックの問題である．数学オリンピックは，数学がやたらに得意な各国の高校生選手により争われるコンテストである．当然，出題問題は難問ぞろいでプロの数学者が数日考えても解けない問題もざらに出題される．しかし，この問題は数学オリンピックが始まったばかりの問題なので，最近のような極端な難問ではなく，自然なアプローチで解くことができる．

例題 6.
- (a) $2^n - 1$ が 7 で割り切れるような正の整数をすべて求めよ．
- (b) $2^n + 1$ が 7 で割り切れるような正の整数 n は存在しないことを証明せよ．

[解答]　(a)　mod 7 では

$$2^1 \equiv 2 \bmod 7, \quad 2^2 \equiv 4 \bmod 7, \quad 2^3 \equiv 1 \bmod 7$$

であり，$2^3 \equiv 1 \bmod 7$ が見つかる．これから $k=1, 2, 3, \cdots$ に対して

$$2^{3k} \equiv (2^3)^k \equiv 1^k \equiv 1$$

であること，つまり n が 3 の倍数のときは，$2^n \equiv 1 \bmod 7$ であることわかる．これは $2^n - 1 \equiv 0 \bmod 7$ であること，つまり $2^n - 1$ は 7 の倍数であることを意味する．n が 3 の倍数でない場合は

$$n = 3k+1 \text{ もしくは } n = 3k+2$$

の形で表され

$$2^{3k+1} = (2^3)^k \cdot 2 \equiv 2 \bmod 7,$$
$$2^{3k+2} = (2^3)^k \cdot 2^2 \equiv 4 \bmod 7$$

となる．したがって，

$$2^{3k+1} - 1 \equiv 2 - 1 = 1 \bmod 7,$$
$$2^{3k+2} - 1 \equiv 4 - 1 = 3 \bmod 7$$

となるので，$n = 3k+1, n = 3k+2$ の場合は，$2^n - 1$ は 7 の倍数ではない．

よって，求める n は $3k$，$k = 1, 2, 3, \cdots$ である．

(b) 同様に

$$2^{3k} + 1 = 1 + 1 = 2 \bmod 7$$
$$2^{3k+1} + 1 \equiv 2 + 1 = 3 \bmod 7$$
$$2^{3k+2} + 1 \equiv 4 + 1 = 5 \bmod 7$$

となり，$2^n + 1$ は 7 で割ると余りは必ず 2, 3, 5 のいずれかであり，よって 7 で割り切れない． □

3

合同式から剰余系へ

 2章では，合同式というなかなか便利な道具について説明した．この章では，合同式の概念をさらに発展させて剰余系という概念を導入しよう．そのために，まず準備として，集合について説明することから始める．

3.1 集　　　合

 集合の概念は高校で学ぶ．しかし，高校数学で集合はたいていの場合，人気がなく軽く扱われているようだ．また，集合について一応習うものの，それを使って実質的に何かをするということは，高校数学ではまずない．要するに，集合から体よく逃げているわけだ．

 集合や，写像（これは4章で扱う）は重要である．現代数学では，集合と写像は数学を展開するときの基本的スタイルであり，結局は避けて通ることはできない．それはわかっている．しかし，高校の教科書に限らず入門レベルの本では，集合・写像を回避しようと思えばできないことはないし，また，せっかくちゃんと説明しても，その本の範囲では実質的に使うチャンスがなくて，「説明したけどあまり使わない」で終わってしまうことになりがちである．したがって，どちらかというと集合・写像は軽く扱う方が賢明な判断だということになってしまう．

 その結果，全体にていねいな説明を心がける入門的なレベルの本では集合・写像について，どの本もまともに触れず，一方，理論を正確に，しかし簡潔に提示する専門的レベルの本になると集合・写像をいきなり本格的に使い始める，ということになってしまう．困ったことだ．幸い，この本のテーマでは，有限

集合や有限集合の間の写像について,「有限である」という性質をうまく利用するためには集合や集合の概念を正面切って使った方がわかりやすい,という状況になっている（大抵は無限性に絡んできて始めて集合の"御利益"がでてくるのだが）．せっかくのチャンスだから生かすことにしよう．

そこで,集合・写像をまともに扱うことにして,まず集合についてていねいに説明することから始めよう．ただし,厳密に集合についての理論を展開しようというのではない．どちらかというと,説明の方針は「とにかく概念をつかめばよい」というであって,厳密性は求めない．しかし,とにかく集合は積極的に使おうというのが方針である．

3.1.1 集合とは

さて,まず集合という概念を説明しなければならない．ところが,ある意味でこれが一番難しい．それは,「数の概念は小学校で身につけるにもかかわらず,まともに説明しようとすると1章で述べたように,哲学的にかなり難しい」というのと同様である．

そこで,集合の概念を定義することは試みず,とにかく説明してしまうことにしよう（つまり,小学校的説明をするわけだ）．

集合とは"ものの集まり"のことである．これで,一応"説明"は終わりである．ただし,これではわからない．そこで,例を通じて,補足することにしよう．

例 8. 大阪城,熊本城,姫路城の集合を

$$\{\,\text{大阪城},\,\text{熊本城},\,\text{姫路城}\,\}$$

と書く．この集合に,たとえば A という名前を付けるならば

$$A = \{\,\text{大阪城},\,\text{熊本城},\,\text{姫路城}\,\}$$

となる．

ここで,大阪城,熊本城,姫路城の3つを選んだ理由は特にない．この3つを特徴づける性質が何かあるという必要はない．とにかく,いくつかのものを集めたものを考えれば,それが集合というわけだ．

ここで「集めたもの」といっているが，実際に集めるという作業をする必要はない．そもそも，そんなことはできない．つまり，集めるといっても，考えているだけのことだ．

> **コメント**
>
> どうも日本語の「集合」という言葉は「集める」という動作をイメージさせてよくないようだ．英語なら集合は "set" だから，セットメニューというときの「セット」として，ぴったりしている．セットメニューといったからとて，テーブルの上に実際に同時に「集められる」必要はなく，バラバラに出てきてもセットとして料金が請求されるなら，それでよいのだ．カタカナ語を使って，「集合とはもののセットのことです」というのが一番わかりやすい説明かもしれない．

さて，集合を構成する個々のものを，その集合の**要素**という．上の集合 A の要素は大阪城，熊本城，姫路城の 3 つである．

たとえば，熊本城が集合 A の要素であることを

$$熊本城 \in A$$

と表す．

要素でない，ということをいうためには，記号 "$\notin$" を用いる．たとえば，岡山城 $\notin A$ である．

このように例をあげていても，無意識のうちに「お城の集合ならば，要素でないものの例もお城」としているのだが，そうしなければならない理由はない．たとえば，磐梯山 $\notin A$ でもよかった．

例 9. 20 以下の素数の集合 A．つまり

$$A = \{2, 3, 5, 7, 11, 13, 17, 19\}$$

「ものの集まり」というときの，"もの" は物理的な "もの" である必要はなく，数などの概念でもよい．むしろ，数学では，たいていの場合，集合の要素は抽象的概念である．

上の例で集合 A を表すのに，要素を小さい順に書いているが，そうする必然性もない．集合の要素は好きな順番で書いてよい．たとえば

$$A = \{7, 5, 3, 2, 19, 13, 11, 17\}$$

でもよい．

2つの集合 A, B の要素が完全に一致するときには，集合 A と B は等しいと考える．たとえば，A を3以上8以下の素数の集合，B を3以上8以下の奇数の集合，とするならば，$A = B$ である．

2つの集合 A, B について，A の要素がすべて B の要素でもあるとき，集合 A は集合 B の**部分集合**であるという．A が B の部分集合であることを $A \subset B$ で表す．

たとえば，A を3以上20以下の素数の集合，B を3以上20以下の奇数，とするならば，$A \subset B$ である．

要素を1つももたない集合を**空集合**といい，ϕ で表す．つまり，"何も集めないで作った空っぽの集合" を考えているわけである．

例 10. 整数すべての集合

整数すべての集合を，この本では Z で表す．

$$Z = \{\cdots, -3, -2, -1, 0, 1, 2, 3, \cdots\}$$

この集合の要素は無限個ある．つまり，集合の要素の個数は有限個である必要はないのだ．要素が有限個の集合を**有限集合**，要素が無限にある集合を**無限集合**という．これからよく使う無限集合として，自然数（正整数のこと）の集合

$$N = \{1, 2, 3, \cdots\}$$

がある（ただし，自然数といったときには 0 も含める流儀もある）．

有限集合と違って，無限集合は要素をすべて書いて示すことは厳密には不可能である．$N = \{1, 2, 3, \cdots\}$ と書いてみても，「$1, 2, 3, \cdots$ は $1, 2, 3, 11, 22, 33,$ $111, 222, 333, \cdots$ のことですか？」と言われれば，何ともしようがない．そこで，無限集合は，その集合の要素を特徴づける性質（たとえば，自然数である，といった）によって指定することになる．

さて，それでは集合とはいえないケースをあげてみよう．

例 11. "背の高い人の集合" は，「背の高い人」という基準が明確ではないので，集合とは考えられない．

このようなあいまいな表現を含んでいては，集合とは考えられない．

3.1.2　概念と集合

この項「概念と集合」全体が一種のコメントなので，なんなら最後の結論だけ見ておくだけで，読み飛ばしてもかまわない．

a. 人間の集合

「背の高い人の集合」という例は，高校の教科書にもよく出てくる例である．確かに，その通りである．しかし，それでは "背の高い" というあいまいな部分をカットしたら集合になるのだろうか．つまり，"すべての人間の集合" は集合だろうか？

これには疑問がある．ここで人間というのは「今，この瞬間に生存している人間」を意味するのか，「過去も含めて，かって存在したことのあるすべての人間」を意味するのか，それとも「およそ人間なるもの」を意味するのか，これがはっきりしない．

最初の解釈ならば（人間の集合は毎秒変化することになるが）集合といえる（植物人間，クローン，"人でなし" などの，人という概念自身の微妙な問題は無視）．しかし，「人間の集合」などという例を持ち出す場合，漠然と「およそ人間なるもの」という最後の解釈を考えているケースが多いのではないかと思う．しかし，これはまずい．これでは「人間という概念」を考えているだけで，将来生まれるかもしれない人間，生まれるはずだったのに生まれなかった人間など，何とも漠然としていて，要素が確定しない．このようなものは集合という

べきではない．

　先ほど，「その集合の要素を特徴づける性質によって指定する」という言い方をした．これを発展させれば，"特徴づける性質"，すなわち "概念" から "その概念を満たすものの集合" が決まる，という発想が生まれるのだが，これは少し乱暴な考え方である．"概念" がいかに明確なものであっても，それを満たす集合がいつでも明確に定まるわけではない．

b. 直角三角形の集合

　たとえば，これも高校の教科書などでよく出てくる例なのだが，「直角三角形の集合」というのも，ちょっとまずい．確かに直角三角形という概念は明確だが，「直角三角形の集合」などというものは存在するのだろうか？

　存在すると主張するならば，いま，私が手元の紙に直角三角形を書くと，その瞬間にその集合は変化するのだろうか．それとも直角三角形という言葉を使った途端に「"等しい" ということは "合同である" ことを意味し，紙に書いたからといって，それは以前にある直角三角形のどれかと合同であるので，要素は変化しない」というのだろうか．もしくは，「"ちょうど 3 個のもの" を抽象化して 3 という抽象的存在を考えたように，個々の平面上の三角形を抽象した抽象的三角形なるものを考えている」とでもいうのだろうか．

　その気になれば，どの解釈でも切り抜けて，「直角三角形の集合」の存在を主張することはできる．しかし，おそらく，このような例をあげるときには，そんな難しいことを考えているのではなく，漠然と「概念とその集合」という対比を想像しているのだと思う．しかし，それでは，集合というものが漠然とした捉えどころのないものとなってしまい，「集合は難しい」という印象をもってしまうのも，当然のことであろう．

c. 集合の具体性

　集合の一番大切なところは，集合 $\{2,3,5,7\}$ や集合 $\{1,2,3,5,\cdots\}$ のように「要素を "セット" として明確にイメージできる」ということである．

　"概念" よりも目の前にあるものとしての具体性が感じられるところが強みなのだ．よって，「人間の集合」とか「直角三角形の集合」のようなわけのわからないものを無理に考えるべきではない（そもそも，そんなものは数学で使わない）．

d. 無　限

さて,「集合 $\{1, 2, 3, 5, \cdots\}$ のように具体的にイメージできる」といっても, やはり, $1, 2, 3, 4, 5, \cdots$ とどこまでも続く "$\cdots$" の所は不安かもしれない. それでいいのだ. それは, 無限ということの難しさなのだから, 不安を感じるのが当然なのだ.

数学としての「集合論」では無限をまともに扱い研究の対象とする. これは, 興味深いが難解な分野である（この本では, 無限集合の難しさには遭遇しないですむ）.

e. パラドックス

しかし, 集合の最も難しいところは,「もの」は抽象的な「もの」でもよく, 特に集合でもよい, ということから生ずる. つまり, 集合を要素とする集合, さらに, そういった集合を要素とする集合, とどこまでも考えることができ, 新たに集合を考えることにより, 新しい「もの」が発生してしまうのだ.

そのため, 極端なケースとして「すべてのものの集合」というものを考えると, その集合を構成し終わった途端に,"その集合" という新しいものを要素として付け加えなければならないことに気づくことになる. この点をうまく突くと, 集合というものがパラドックスを生じさせることが示される. このパラドックス（ラッセルのパラドックス）は, 言葉の遊びや騙しといったものではなく, 本当の二律背反である.

f. ラッセルのパラドックス

「すべてのものの集合」というものが存在するならば, それ自身も集合だから, その集合は自分自身の要素になる. これ自体は, 変な状況ではあるが, 矛盾が生じているというわけではない.

ラッセルは, このような変な状況にはない,"正常な" 集合をすべて集めた集合（仮に Ω という名前を付けておこう）を考えた. つまり,"正常な" 集合とは, 自分自身を要素として含まないような集合のことであり, Ω は自分自身を要素として含まないような集合全部の集合である.

それでは, この集合 Ω は "正常な" 集合だろうか？ これを分析すると, 矛盾が生じていることに気づく.

- Ω は "正常な" 集合であるとする. すると, Ω の定義は,「"正常な集合" 全

部の集合」なのだから，Ω 自身も Ω の要素になる．しかし，これは Ω が "正常な" 集合ではないことを意味しているので，最初に Ω は "正常な" 集合であると仮定したことに反する．よって，最初の仮定は適切ではなく，Ω は "正常な" 集合ではない．

- Ω は "正常でない" 集合であるとする．すると，Ω は "正常でない" のだから，自分自身を要素としてもつことになる．しかし，Ω の要素であるということは，"正常な" 集合であることを意味するので，Ω の要素 Ω は "正常な" 集合であることになる．しかし，これは最初に Ω は "正常でない" 集合であると仮定したことに反する．よって，最初の仮定は適切ではなく，Ω は "正常でない" 集合ではない．

結局，"正常な" 集合であると仮定しても，"正常な" 集合でないと仮定しても，どちらも矛盾を生じさせてしまうことになり，パラドックスに直面する．これが，「ラッセルのパラドックス」として有名なパラドックスである．

このようなパラドックスが生じるということは，そもそも「ある種の集合は，軽々しく "存在するもの" としてはいけない」ということを意味しているのだろうが，集合は物理的対象でなく，単に「考えているだけのもの」だから，"存在する" とか "存在しない" とは何のことだ？ と考えるとわけがわからなくなる．

g. 公理的集合論

このようなパラドックスを避けて集合論を展開させるためには，集合を "ものの集まり" と素朴に定義するのではなく，公理的手法による巧妙な展開が不可欠になる．これが公理的集合論と呼ばれる数学基礎論の一分野である．要するに，集合の定義は本当はえらく難しいのだ．しかし，普通の数学にかかわっている限り，公理的集合論については「そのようなものがある」ということだけ理解していれば，集合を素朴に扱っていても困難に遭遇することはほとんどない．

h. 結論

それではまとめておこう．

> （普通に使う）集合は簡単で便利なものだ．
> しかし，本当はとほうもなく難しい．

3.1.3 集合の2通りの表し方

集合を記述するには，2通りのやり方がある．ひとつは，

$$A = \{2, 3, 5, 7\}$$

のように，要素をすべて列挙して表すやり方である．もうひとつの表示では，その集合の要素が満たすべき判定条件を書くことによって集合を指定する．上の集合 A は，たとえば

$$A = \{x \mid x \text{ は 2 以上 8 以下の素数}\}$$

と書き表される．

この記法の発想は「判定条件を与えて，その判定条件を満たすものをすべて集めて集合とする」ということである．たとえば，x として 4 をもってくると，4 は 2 以上 8 以下の素数ではないから（素数ではない），この集合の要素としないし，また，13 をもってくると，13 は 2 以上 8 以下の素数ではないから（8 以下ではない），この集合の要素としない．一方，x として 5 をもってくると，5 は 2 以上 8 以下であって，かつ素数だから，5 はこの集合の要素となる．こうして，この判定条件を満たすものすべてを集めると，集合 $\{2, 3, 5, 7\}$ ができあがるわけだ．なお，判定条件として "x は 2 以上 8 以下の素数" の代わりに "x は 2 以上 10 以下の素数" としても同じ集合が得られる．

一般に，x についての条件 $p(x)$ を指定すると，集合

$$\{x \mid p(x)\}$$

が定まる．集合 $\{x \mid x \text{ は 2 以上 8 以下の素数}\}$ では，$p(x)$ は "x は 2 以上 8 以下の素数" である．

集合を指定する条件は，x 以外の文字で記述してもよい．ただし，どの文字について要素を集めるかを指定するために，

$$\{t \mid p(t)\}$$

というふうに，記号 "$\mid$" の左側にその文字を書いておく．

例 12. $a = 12$ とするとき,集合 S を

$$\{b \mid b \in N \quad \text{かつ} \quad b \text{ は } a \text{ の約数}\}$$

として定めると,S は,要素をすべて列挙する記述では

$$S = \{1, 2, 3, 4, 6, 12\}$$

となる.

　上の例で "$b \in N$　かつ　…" とあるが,この "$b \in N$" は要するに「"もの" といっても自然数だけ考えている」ということを意味する.本当のところ,「判定条件を満たすかチェックする」といっても,"もの" についてあらかじめ範囲が限定されていないと,ちょっと不安である.そこで,「最初に範囲を指定して,その範囲である判定条件を満たす "もの" を集める」という雰囲気の記述をしたくなる.実際,上の集合を

$$\{b \in N \mid b \text{ は } a \text{ の約数}\}$$

と書くこともある.こちらの書き方の方が,「最初に範囲として N を指定して,そこから要素をもって来ては判定条件を満たすかをチェックして,条件を満たしたものだけを集める」ということで,居心地のよい表現だと思う.

　以上述べたように,集合を記述する仕方には,
- 要素をすべて列挙する
- 要素の満たすべき条件を指定する

という 2 つのスタイルがある.大げさな言い方をするならば,前者を**外延的定義**,後者を**内包的定義**という.

　外延的に定義された集合は,いつでも内包的に定義することができる.

　たとえば,集合

$$\{1, 3, 4, 6, 8, 10, 12\}$$

は,ちょっと詭弁のように感じるかもしれないが,

$$\{n \mid n = 1, n = 3, n = 4, n = 6, n = 8, n = 10 \text{ or } n = 12\}$$

として内包的に定義することができる（東京のテレビのチャンネルだなんて気がつかなくてよい）．しかし，外延的定義はいつでもできるとは限らない．無限集合は厳密な意味では要素をすべて列挙することができない．たとえば，

$$N = \{1, 2, 3, \cdots\}$$

のような表現は，"$\cdots$" の意味が「常識ある人間には通じるのだが，フォーマルには何もいっていないのと同じ」なので，要素をすべて列挙しているとはいい難い．常識に頼ることにしたところで，集合

$$\{3, 7, 11, 19, 23, 31, \cdots\}$$

での "$\cdots$" の続きが "$43, 47, 59, \cdots$" であること，つまり

$$\{p \mid p \text{ は } 4 \text{ で割ると } 3 \text{ 余る素数}\}$$

が "常識" でわかるだろうか．それを "常識" とするのは，常識の押しつけだろう．

コメント

さて，外延的定義と内包的定義があるということは，そのような専門用語をもち出すかは別として，高校の教科書にも書かれているのだが，いくつかの教科書では，不思議なことにその直後に「正の偶数の集合は

$$\{2m \mid m \in N\}$$

と表される」という例が述べられているのだ．高校の生徒に，というよりは先生に，これは外延的定義なのか内包的定義なのかアンケートを取ってみたいものだ．正解は「どちらでもない」だと思うのだが．

この集合を外延的定義（ただし "$\cdots$" つきの）で書けば

$$\{2, 4, 8, 10, \cdots\}$$

となる（つまり，「m がすべての自然数を動いたときの $2m$ 全部」であり，これが上の記述の "気持ち" である）．

内包的定義で書き直すのは以外と難しく，

$$\{n \mid n = 2m \text{ を満たす自然数 } m \text{ が存在する}\}$$

が内包的定義である.「m がすべての自然数を動いたとき …」では「すべて」だった m が,ここでは "m が存在する" となるのだ.このことは,「すべての …」と「… が存在する」との対比についての感性がちゃんと身についてくると,かえって奇異に感じられるようになる(奇異であっても正しいのだが).

　高校の数学というものは,素直に教科書の気分に従ってついていけばよいのだが,まともに考えるとずいぶん難しいものだ.

3.1.4　集合の演算

　いくつかの集合が与えられたとき,それらの集合すべてに共通の要素を集めた集合と,それらの集合の少なくともどれか1つの要素となっているものを集めた集合を考えることができる.前者を**共通部分**,後者を**和集合**といい,たとえば集合 A, B, C の共通部分なら $A \cap B \cap C$,和集合なら $A \cup B \cup C$ と書く.A, B, C がそれぞれ

$$\{x \mid p_1(x)\}, \ \{x \mid p_2(x)\}, \ \{x \mid p_3(x)\}$$

と定義されているならば

$$A \cap B \cap C = \{x \mid p_1(x) \text{ かつ } p_2(x) \text{ かつ } p_3(x)\}$$
$$A \cup B \cup C = \{x \mid p_1(x) \text{ または } p_2(x) \text{ または } p_3(x)\}$$

となる.

コメント

　"かつ" を無造作に省略してカンマ ",” で代用するのは危ない."かつ" と "または" については苦労してでも敏感になっておくべきだ.高校数学では,",” が "かつ" を指していたり "または" を指していたり,あまりにも融通が利きすぎている.それも,デリケートな問題に触れたくない一心から来ていることなのだろうが.

　実際,集合とそれを指定する条件における "かつ" と "または" は,日常の感覚からすると,以下のように,ちょっと危ないところがあるのだ.

英語では "かつ" は "and", "または" は "or" となるから,

$$\text{共通部分 "∩" は "and", 和集合 "∪" は "or"}$$

となる. 日本語でも A, B の共通部分 $A \cap B$ は条件 $p_1(x)$ と条件 $p_2(x)$ を満たす要素 x の集合, 和集合 $A \cup B$ は条件 $p_1(x)$ か条件 $p_2(x)$ を満たす要素 x の集合である. しかし, たとえば

$$\{ \text{サラダ}, \text{魚料理}, \text{コーヒー} \}$$

の A セットと,

$$\{ \text{スープ}, \text{肉料理}, \text{デザート} \}$$

の B セットを両方食べることにしたら, つまり,

$$\text{A セット and B セット}$$

を食べることにしたら, その人の食べるのは

$$\text{A セット} \cup \text{B セット}$$

であって共通部分 "A セット ∩ B セット" ではない ("and" なのに "∪"?).

別に冗談を言っているわけではない. たとえば, 不等式の解

$$x \leqq -2, \quad 3 < x$$

としての "," は "and" だろうか, それとも "or" だろうか?

解答: $x \leqq -2$ が区間 $(-\infty, -2]$, つまり集合 $\{x \mid x \leqq -2\}$ を意味しているなら "," は

$$\{x \mid x \leqq -2\} \text{ and } \{x \mid 3 < x\}$$

における "and".

しかし, "$x \leqq -2, 3 < x$" が x の満たすべき条件を意味しているならば

$$x \leqq -2 \text{ or } 3 < x$$

であり, "or". つまり, "and" か "or" かは不等式の解というものの解釈次第で決まる.

2 次方程式の解 "$x = 2, 3$" も, "$x = 2$ and $x = 3$" なんだか "$x = 2$ or $x = 3$" なのか, はっきりしない.

3.2 剰余系 Z/nZ

たとえば $m = 5$ として $\mod m$ で考えると，整数 a が何であっても，

$$a \equiv 0 \mod m, \quad a \equiv 1 \mod m, \quad a \equiv 2 \mod m$$
$$a \equiv 3 \mod m, \quad a \equiv 4 \mod m$$

の 5 つのケースしかない．さらに，2 つの整数 a, b の和や積も $0, 1, 2, 3, 4$ の 5 つのいずれかと合同になる．それならば，いっそのこと $0, 1, 2, 3, 4$ の 5 つの要素しかない世界を考えて，和や積もそこでの演算と考えることができないかという発想が生まれる．

それでは，そのアイデアを実現してみよう．

3.2.1 2つの方針

このアイデアを実現するために 2 つの方針が考えられる．

a. 方針その 1

$m = 5$ としてみよう．まず，集合 $\{0, 1, 2, 3, 4\}$ を考える．ここで，たとえば $3 + 4$ を計算すると $3 + 4 \equiv 2 \mod 5$ となるので，新しい演算として記号 $\perp$ を導入して $3 \perp 4 = 2$ と定める．他の場合についても同様，$1 \perp 3 = 4$, $2 \perp 3 = 0$ のように定める．こうしておいて，新しい演算 "$\perp$" をいままでの和の演算 "$+$" と同じ記号で書いてしまうことにすると，この世界での "$+$" は

$$0+0=0, \quad 0+1=1, \quad 0+2=2, \quad 0+3=3, \quad 0+4=4$$
$$1+0=1, \quad 1+1=2, \quad 1+2=3, \quad 1+3=4, \quad 1+4=0$$
$$2+0=2, \quad 2+1=3, \quad 2+2=4, \quad 2+3=0, \quad 2+4=1$$
$$3+0=3, \quad 3+1=4, \quad 3+2=0, \quad 3+3=1, \quad 3+4=2$$
$$4+0=4, \quad 4+1=0, \quad 4+2=1, \quad 4+3=2, \quad 4+4=3$$

となる．積についても同様に，まず新しい演算として "積を計算してその結果と合同になる $0, 1, 2, 3, 4$ のいずれかを対応させる" という演算を考えて，その

演算を従来と同じ記号で表してしまうことにすれば

$$0 \cdot 0 = 0, \quad 0 \cdot 1 = 0, \quad 0 \cdot 2 = 0, \quad 0 \cdot 3 = 0, \quad 0 \cdot 4 = 0$$
$$1 \cdot 0 = 0, \quad 1 \cdot 1 = 1, \quad 1 \cdot 2 = 2, \quad 1 \cdot 3 = 3, \quad 1 \cdot 4 = 4$$
$$2 \cdot 0 = 0, \quad 2 \cdot 1 = 2, \quad 2 \cdot 2 = 4, \quad 2 \cdot 3 = 1, \quad 2 \cdot 4 = 3$$
$$3 \cdot 0 = 0, \quad 3 \cdot 1 = 3, \quad 3 \cdot 2 = 1, \quad 3 \cdot 3 = 4, \quad 3 \cdot 4 = 2$$
$$4 \cdot 0 = 0, \quad 4 \cdot 1 = 4, \quad 4 \cdot 2 = 3, \quad 4 \cdot 3 = 2, \quad 4 \cdot 4 = 1$$

となる．

これらの結果を簡潔に表にまとめたものを**演算表**という．

mod 5 での演算表

和の演算表

+	0	1	2	3	4
0	0	1	2	3	4
1	1	2	3	4	0
2	2	3	4	0	1
3	3	4	0	1	2
4	4	0	1	2	3

積の演算表

·	0	1	2	3	4
0	0	0	0	0	0
1	0	1	2	3	4
2	0	2	4	1	3
3	0	3	1	4	2
4	0	4	3	2	1

それでは，2番目の方針に移ろう．

b. 方針その2

まず，整数の集合 Z を $\mod m$ で分類することから始める．$m = 5$ とした場合で考えよう．

集合 Z は次の5つの集合に分けられる．

$$A_0 = \{n \mid n \equiv 0 \mod 5\}$$
$$= \{\cdots, -10, -5, 0, 5, 10, 15, \cdots\}$$
$$A_1 = \{n \mid n \equiv 1 \mod 5\}$$
$$= \{\cdots, -9, -4, 1, 6, 11, 16, \cdots\}$$
$$A_2 = \{n \mid n \equiv 2 \mod 5\}$$

$$= \{\cdots, -8, -3, 2, 7, 12, 17, \cdots\}$$
$$A_3 = \{n \mid n \equiv 3 \mod 5\}$$
$$= \{\cdots, -7, -2, 3, 8, 13, 18, \cdots\}$$
$$A_4 = \{n \mid n \equiv 4 \mod 5\}$$
$$= \{\cdots, -6, -1, 4, 9, 14, 19, \cdots\}$$

"分けられる"ということの正確な意味は，これらの集合のどの2つにも共通部分はなく，また

$$Z = A_0 \cup A_1 \cup A_2 \cup A_3 \cup A_4$$

が成り立つということである．

　これらの集合 $A_j, j = 0, 1, 2, 3, 4$, は，いずれも

$$\text{任意の } a, b \in A_j \text{ に対して} \quad a \equiv b \mod 5$$

という特徴をもっている．

　これら5つの集合 A_0, A_1, A_2, A_3, A_4 の集合（集合を要素とする集合）を $Z/5Z$ で表す．つまり

$$Z/5Z = \{A_0, A_1, A_2, A_3, A_4\}$$

また，これら5つの集合 A_0, A_1, A_2, A_3, A_4 のそれぞれを**剰余類**といい，それら剰余類の集合 $Z/5Z$ を**剰余系**という．

　次に，集合 $\{A_0, A_1, A_2, A_3, A_4\}$ に演算 "+" を次のようにして導入する．

$0 \leq i, j \leq m - 1$ として，$A_i + A_j$ は A_i, A_j からそれぞれ要素 a, b を選んだとき $a + b \in A_k$ を満たす A_k として定義する．

　たとえば，$A_3 + A_4$ は

$$A_3 \text{ から } 8, \ A_4 \text{ から } 14$$

を選ぶと

$$8 + 14 = 22 \in A_2$$

だから，$A_3 + A_4 = A_2$ となる．

　ここで，"定義する（define）"といっているが，実は，これだけではまだ定義となっていない．"A_i, A_j からそれぞれ要素 a, b を選んだとき"に $a+b$ を要素とする剰余類を求めるのだが，その選び方によって求める剰余類が違ってくる可能性があるならば，定義として不的確である．そこで，そのような可能性がなく本当に定義となっているということを示す必要がある（英語には，「well defined であることを示す」というぴったりした言い方がある）．これは，以下のように簡単に示される．いま，別の人が A_i, A_j からそれぞれ α, β を選んだとしよう．すると，

$$a \equiv \alpha \bmod 5, \quad b \equiv \beta \bmod 5$$

が成り立ち，よって

$$a + b \equiv \alpha + \beta \bmod 5$$

となるので，$a+b$, $\alpha+\beta$ は同じ剰余類に含まれる．

　こうして剰余系 $Z/5Z = \{A_0, A_1, A_2, A_3, A_4\}$ 上に演算 "+" を導入することができた．同様に，演算 "·" を導入することもできる．

　ここでも，剰余類 A_0, A_1, A_2, A_3, A_4 を記号を流用してそれぞれ簡潔に $0, 1, 2, 3, 4$ と書いてやることにすると，要するに

剰余系 $\{0, 1, 2, 3, 4\}$ 上に演算 "+" と "·" を定義した

ということになり，それらの演算の演算表は「方針その1」で定めたものと一致する．

c. 剰余系

　こうして，2通りの方針で $\{0, 1, 2, 3, 4\}$ 上の演算を定めることができた．もちろん，どちらの方針を採ったかによって，この集合の要素や演算の意味は違っ

てくるのだが，それらの演算表はまったく同じだから，どちらの解釈をしても，これからの結果には影響しない．ともかく剰余系という言葉は使うことにして，

$$\text{剰余系 } Z/5Z \text{ で考えると,} \quad 2+4=1, \quad 2\cdot 4=3$$

という言い方をすることにしよう．

例 13. mod 3 での演算表は

和の演算表					積の演算表			
+	0	1	2		·	0	1	2
0	0	1	2		0	0	0	0
1	1	2	0		1	0	1	2
2	2	0	1		2	0	2	1

例 14. $Z/2Z$ において

$$0+0=0, \quad 0+1=1 \qquad 0\cdot 0=0, \quad 0\cdot 1=0$$
$$1+0=1, \quad 1+1=0 \qquad 1\cdot 0=0, \quad 1\cdot 1=1$$

さて，以上で剰余系というものを定義したのだが，実質的には合同式と同じことである．

$$4+5 \equiv 2 \bmod 7$$

と述べるか

$$Z/7Z \text{ において} \quad 4+5=2$$

と述べるかの違いだけである．それならば，「わざわざ奇異な印象の計算をもち込まなくても合同式で間に合うではないか」と考えるかもしれないが，「整数の集合は無限集合だが，$Z/7Z$ などの剰余系は有限集合である」という点が大きな利点になるのだ．何といっても，有限集合ではすべての場合を，原理的には調べ尽くすことができるのだから．

これからは，積極的に剰余系を用いることにする．最初は奇異に感じるかも

しれないが，そのうちに Z/mZ という有限集合の居心地のよさが感じられてくることと思う．むしろ，$1+1=0$ といった奇異な世界を積極的に楽しむことにして，少なくとも「世の中は数学の世界のようにいつでも $1+1=2$ となるとは限らないのだ」などとは言わせないようにしよう．

3.2.2　演算のまとめ：合同式の公式の書き直し

それでは，演算についての公式を剰余系 Z/mZ の言葉で書いておこう．

―― 加法についての恒等式 ――――――――――――――――

　　零の性質　　任意の $a \in Z/mZ$ に対して，
$$a+0=a,\ 0+a=a$$

　　結合法則　　任意の $a,b,c \in Z/mZ$ に対して，
$$(a+b)+c = a+(b+c)$$

　　可換性　　　任意の $a,b \in Z/mZ$ に対して，
$$a+b = b+a$$

―― 加法についての方程式の解の存在 ――――――――――

任意の $a,b \in Z/mZ$ に対して，方程式
$$a+x=b$$
は解をもち，しかもそれはただ1つだけである．

―― 乗法についての恒等式 ――――――――――――――――

　　1の性質　　任意の $a \in Z/mZ$ に対して，
$$a \times 1 = a,\ 1 \times a = a$$

　　結合法則　　任意の $a,b,c \in Z/mZ$ に対して，
$$(ab)c = a(bc)$$

　　可換性　　　任意の $a,b \in Z/mZ$ に対して，
$$ab = ba$$

もちろん，結合法則もそのまま成立する．

── 加法と乗法についての恒等式 ──────────────
　　結合法則　　　任意の $a, b, c \in Z/mZ$ に対して，
$$a(b+c) = ab + ac$$
────────────────────────────

コメント

　方程式 $a + x = b$ がただ 1 つの解をもつということは，減法 "$b - a$" が定められるということをいっているわけだ．ところで，この方程式が特に $b = 0$ のときに解をもつならば，b が 0 以外のときの解は $b = 0$ のときの解に b を加えることによって得られる．つまり，この方程式の「解の存在と一意性の問題」は $b = 0$ のときの方程式

$$a + x = 0$$

についてだけ調べれば十分である．方程式 $a + x = 0$ がただ 1 つの解をもつとき，その解を加法についての a の**逆元**という．したがって，この方程式の「解の存在と一意性の問題」を「加法についての逆元の，存在と一意性の問題」と呼ぶことになる．

　一般に何らかの演算（仮に $a \perp b$ と表すことにする）を考えているとしよう．このとき，その演算が定められている集合のある要素（仮に O で表すことにする）が，その集合の任意の要素 a に対して

$$a \perp O = a, \quad O \perp a = a$$

を満たすならば，O を演算 $\perp$ についての**単位元**という．

　したがって，0 は加法についての単位元，1 は乗法についての単位元である．また一般に，演算 $\perp$ についての単位元 O が存在するとき，

$$a \perp x = O \quad かつ \quad x \perp a = O$$

を満たす x が存在するならば，その x を演算 $\perp$ についての a の**逆元**と呼ぶ．加法についての a の逆元は

$$a + x = 0$$

を満たす x のことであり ($a+x=x+a$ だから $x+a=0$ は省いてよい), 整数に対しての加法であろうと, Z/mZ での加法であろうと, これは任意の a に対して存在する.

積についての a の逆元は

$$ax = 1$$

を満たす x のことである. これは存在することも存在しないこともある.

例 15. $Z/6Z$ において, 積についての 5 の逆元は,

$$5 \cdot 5 = 1$$

だから, 5 自身である. しかし, 4 の逆元は存在しない. なぜなら, $4x$ をすべての $x \in Z/6Z$ について調べてみると

$$4 \cdot 0 = 0,\ 4 \cdot 1 = 4,\ 4 \cdot 2 = 2,\ 4 \cdot 3 = 0,\ 4 \cdot 4 = 4,\ 4 \cdot 5 = 2$$

であり, $4x$ が 1 になるような x は存在しないからである (このように, すべてのケースを調べ尽くすことが可能なことが, 有限集合 Z/mZ の強みである).

つまり, m が何であれ与えられているならば, Z/mZ における「積についての逆元の, 存在と一意性の問題」は "原理的には" 解決可能である.「a に逆元があるかどうか, あるとすればそれは何か」という問題は, Z/mZ のすべての要素 x について ax を計算して 1 に等しくなるかを調べることによって解決される. ただし, "原理的には" である.「$m = 10001$ のとき Z/mZ において 7777 の逆元が存在するか」という問題ともなると, 少なくとも手計算で全部試す気力は起こらないだろう.

4 章と 5 章で,「積についての逆元の, 存在と一意性の問題」を詳しく, 特に素数の性質と関連して, 調べることにする.

それでは, "加法についての恒等式", "加法についての逆元の存在", "乗法についての恒等式", "加法と乗法についての恒等式" を, もう一度まとめておこう. ただし, ここでは, Z/mZ を R と書くことにする.

R の基本性質

--- 加 法 ---

単位元の存在　　任意の $a \in R$ に対して,
$$a + 0 = a, \ 0 + a = a$$

結合法則　　任意の $a, b, c \in R$ に対して,
$$(a + b) + c = a + (b + c)$$

逆元の存在　　任意の $a \in R$ に対して,
$$a + x = 0 \quad \text{かつ} \quad x + a = 0$$
が成り立つ $x \in R$ が（a に応じて）存在する.

可換性　　任意の $a, b \in R$ に対して,
$$a + b = b + a$$

--- 乗 法 ---

単位元の存在　　任意の $a \in R$ に対して,
$$a \cdot 1 = a, \ 1 \cdot a = a$$

結合法則　　$a, b, c \in R$ に対して,
$$(ab)c = a(bc)$$

可換性　　任意の $a, b \in R$ に対して,
$$ab = ba$$

--- 加法と乗法 ---

分配法則　　任意の $a, b, c \in R$ に対して,
$$a(b + c) = ab + ac$$

　ここでは Z/mZ を R で表したが，整数の集合 Z を R で表していると思えば，上の "R の性質" はそのまま，以前にまとめた（順番と表現は少し変わっているが）整数の加法，乗法の性質となる．

3.2.3 現代数学

以上，整数と Z/mZ は意味としてはまったく異なるものではあるが，演算の満たす性質という観点からはきわめて似ていることがわかった．整数，Z/mZ 以外にも，それを R とすれば，上の基本性質を満たすものはいろいろある．この本では扱わないことにしているが，有理数や実数，複素数などもそうだし，それ以外にも，まだまだたくさんある．そもそも，Z/mZ といっても，$Z/2Z$，$Z/3Z$，$Z/4Z$ と無限の種類があるわけだ．それならば，いっそのこと，

> 集合 R に 2 つの演算が定められているとする．以下それらを，それぞれ，加法 "$a+b$"，乗法 "$a \cdot b$" と呼ぶことにする．このとき，これらの演算について
> $$\vdots$$
> ここに "R の基本性質" を書く
> $$\vdots$$
> が成り立つ．

という設定で話を始め，これらの性質だけを使って理論を展開すれば，それは R が何であっても共通に成立する理論となるはずである．つまり，整数の場合，Z/mZ の場合といちいち個別に理論を展開しなくても，1 回で済んで効率的である．もちろん，整数なら整数独特の，$Z/7Z$ なら $Z/7Z$ 独特の他にはない個々の特徴があるのだが，それらは，上の "基本性質" 以外の個々の対象独自の性質から導かれているということになる．このように，一般的に成立することと，個別の特徴を分けて把握できるということも利点となる．

そのようなわけで，現代的スタイルの数学の本では，まず「ある集合 R に……」という抽象的スタイルで記述されることになる．その場合，集合 R の要素が何であるかという "意味" は，まったく問題にしない．ただ，いくつかの性質を述べて，それを前提に理論を展開するわけだ．"意味" を問題にしないのだから，「なぜそれらの前提が成り立つのか？」と問うのは無意味である．ただ，「前提にするとこのような理論が展開できる」というだけのことだ．したがって，最初に前提とする性質を**公理**と呼ぶ．しかし，"公理" といっても，それは「詮

3.2 剰余系 Z/nZ

索せずに認める」というだけのことで,「疑う余地もなく正しいと認められる」という意味はないことに注意してほしい. そもそも "意味" がないのだから, 正しいかどうか問うこと自体無意味なのである.

それでは,「抽象的に公理から出発する理論では, 意味を考えてはいけないのか?」というと, そんなことはない.「フォーマルにはない」というだけのことで, 抽象的理論には抽象化される前の個別の対象があるはずで, それらの対象の意味から, 抽象的理論の意味が形づくられることになる. ただし, 形づくるというのは, 数学を勉強する人の頭の中に, そっと感じ取るものであって, フォーマルに決められるものではない.

どうやら「いかに生き生きとした "意味" を感じ取れるようになるか」が数学を勉強して楽しいかどうかの差になるようだ. 楽しくないことは長続きしない. そうなると, 数学者の能力として最も大切なものは, いわゆる「頭が切れる」という能力ではなく, 無味乾燥に見える抽象理論のなかに, いかに豊かな意味を感じ取るか, ということなのかもしれない.

現代的スタイルの数学の本では, 公理を述べてそれから理論を展開するのだが, "意味" を感じ取らせるために公理の直後にいろいろな具体的例を述べたり, その公理にたどり着いた歴史的展開を語ったりと, いろいろ "サービス" を試みる. それでも, 分野によっては, 意味を感じ取れるような例は, かなり理論を展開してからでないと提示できないとか, 歴史を述べると本題より難しくなるとか, なかなかうまくいかないこともある. 無味乾燥な抽象的理論展開に, ひたすら辛抱してついていくという努力も必要である.

もっとも, "サービス" をあえて行わず, 淡々と理論を展開するというスタイルを好む著者もいる. その根拠は,「自分で意味を感じ取ることが数学の一番の楽しさなのに, 著者が読者に意味を押しつけるのは, 自由を奪う余計なお世話」なのだそうだ. これも一理ある見解だと思う.

さて, この本では, 一応は公理的展開ができるところまでは話をもってきたのだが, 公理的手法で話を展開するスタイルは採らないことにする. それは, 他の本にまかせて, ここでは, 個別の対象の面白さを十分に堪能しておくことにしよう.

4

フェルマーの小定理

　この章では，フェルマーの小定理という呼ばれる定理を導く．フェルマーの小定理は素数を法とした剰余系が整域であるということを用いて証明される．

　まず，整域について，もう少し詳しく調べることから始める．次に写像の概念を導入し，特に有限集合上の写像の性質を確認する．これらの準備を済ましておくと後は，ほんのちょっとしたアイデアだけでフェルマーの小定理が導かれる．

　この章の主役は "素数" である．フェルマーの小定理は素数を法としているからこそ，成り立つ定理であり，また，それは素数の貴重な特徴づけにもなっている．

4.1　整　　　域

1章で，整数の性質として

- 整域性　　$ab = 0$ ならば，$a = 0, b = 0$ のいずれかは成り立つ．

という性質を述べた．

　この性質は，Z/mZ では必ずしも成り立たない．

例 16. $Z/6Z$ において，

$$2 \cdot 3 = 0 \quad \text{だが，} \quad 2 \neq 0 \text{ かつ } 3 \neq 0$$

つまり，$Z/6Z$ は整域ではない．

4.1.1 m が素数の場合

一般に，m が素数ではなく $m = m_1 m_2$ と積の形に書かれると

$$m_1 m_2 \equiv 0 \bmod m \quad \text{だが，} \quad m_1 \not\equiv 0 \bmod m \text{ かつ } m_2 \not\equiv 0 \bmod m$$

つまり，Z/mZ において

$$m_1 m_2 = 0 \quad \text{だが，} \quad m_1 \neq 0 \text{ かつ } m_2 \neq 0$$

となり，Z/mZ は整域ではない．

一方，m が素数 p のときは，Z/pZ は整域となる．

このことは，1章に述べた

- **素数の性質** 素数 p が整数の積 ab を割り切るならば，$p|a, p|b$ のいずれかは成り立つ．

からわかる．なぜなら，この性質を合同式で書き直すと

- **素数の性質** p を素数とする．このとき，$ab \equiv 0 \bmod p$ ならば，$a \equiv 0 \bmod p, b \equiv 0 \bmod p$ のいずれかは成り立つ．

となり，これを Z/pZ の言葉で言い換えると

- **素数の性質** p を素数とする．このとき，Z/pZ において $ab = 0$ ならば，$a = 0, b = 0$ のいずれかは成り立つ．

となるからである．

4.1.2 整域と逆元

それでは，例として $Z/7Z$ をとって，0以外の要素 $\{1,2,3,4,5,6\}$ に対して積の演算表を作ってみよう．

整域であるということは，この演算表の結果に0が現れないということである．たしかに，0は出てきていないので，整域であるということが確認される．

·	1	2	3	4	5	6
1	1	2	3	4	5	6
2	2	4	6	1	3	5
3	3	6	2	5	1	4
4	4	1	5	2	6	3
5	5	3	1	6	4	2
6	6	5	4	3	2	1

しかし,それ以上のことがわかる.この演算表を見ると,
$$1 \cdot 1 = 1, \quad 2 \cdot 4 = 1, \quad 3 \cdot 5 = 1$$
$$4 \cdot 2 = 1, \quad 5 \cdot 3 = 1, \quad 6 \cdot 6 = 1$$
となっているので,$1, 2, 3, 4, 5, 6$ はそれぞれ,積についての逆元 $1, 4, 5, 2, 3, 6$ をもつことがわかる.

これから,積についての逆元を単に,逆元ということにする.また,a の逆元(が存在するときは,それ)を a^{-1} で表すことにする.

これらの言葉を使うと,次のようになる.

例 17. $Z/7Z$ において
$$1^{-1} = 1, \quad 2^{-1} = 4, \quad 3^{-1} = 5$$
$$4^{-1} = 2, \quad 5^{-1} = 3, \quad 6^{-1} = 6$$

他の素数の場合でも,たとえば $p = 5$ や $p = 11$ の場合でも,Z/pZ において 0 以外の要素は逆元をもつ.

例 18. $Z/5Z$ において
$$1 \cdot 1 = 1, \quad 2 \cdot 3 = 1, \quad 3 \cdot 2 = 1 \quad 4 \cdot 4 = 1$$
だから
$$1^{-1} = 1, \quad 2^{-1} = 3, \quad 3^{-1} = 2 \quad 4^{-1} = 4$$

例 19. $Z/11Z$ において

$$1\cdot 1=1,\quad 2\cdot 6=1,\quad 3\cdot 4=1\quad 4\cdot 3=1,\quad 5\cdot 9=1$$
$$6\cdot 2=1,\quad 7\cdot 8=1,\quad 8\cdot 7=1\quad 9\cdot 5=1,\quad 10\cdot 10=1$$

だから

$$1^{-1}=1,\quad 2^{-1}=6,\quad 3^{-1}=4\quad 4^{-1}=3,\quad 5^{-1}=9$$
$$6^{-1}=2,\quad 7^{-1}=8,\quad 8^{-1}=7\quad 9^{-1}=5,\quad 10^{-1}=10$$

上の例で,たとえば $10\cdot 10=1$ は

(整数の世界で) $10\cdot 10=100=11\cdot 9+1$ だから $10\cdot 10\equiv 1 \bmod 11$
であり,よって,$Z/11Z$ では $10\cdot 10=1$ となる

ということである.

このように調べてみると,素数 p に対して Z/pZ は整域になるだけでなく,

逆元の存在 　　任意の $a\in Z/pZ$,ただし $a\neq 0$,に対して,a の逆元が存在する

が成り立っているのでは,という気がしてくる.実際,逆元の存在は,「整域である」ということと密接に関連していて,素数 p に対しての Z/pZ での逆元の存在を証明することができる.

これが,この章の最初のテーマなのだが,証明に取りかかる前に,「写像」について少し説明をしておきたい.

4.2 写像

写像と関数は同じである.ただ,関数という言葉は古くから使われてきた言葉なので,その意味を歴史的に,微妙に変えてきている.そのため,数学の本で関数という言葉を使うとき,想定読者レベル,分野,著者の好み等で,その

使い方に多少のゆらぎが見られる．それに対して，写像という言葉は，関数を現代的意味に解釈したときの関数のみを指すので，ほぼ確定した意味で使われている．

つまり，数学屋の立場からすると，写像と関数はフォーマルには同じ言葉なのだが，関数という言葉を使ったときはフォーマルな使い方から多少はずれて，融通の利いた使い方をしてよい，といったところだろうか．

この本では，写像についてのみ述べる．

4.2.1　写像とは

2つの集合 A, B が与えられているとしよう．集合 A の各要素 a に対して集合 B の要素を1つだけ（a に応じて）対応させる規則が定められているとき，その規則を，A から B への写像といい，たとえばその写像を f という文字を使って表して

$$f : A \longrightarrow B$$

と書く．また，$a \in A$ に対応する B の要素を $f(a)$ で表す．集合 A を写像 $f : A \longrightarrow B$ の定義域という．

例 20. $A = \{1, 2, 3, 4\}, B = \{1, 3, 5\}$ とする．このとき

$$f(1) = 5, \quad f(2) = 5, \quad f(3) = 1, \quad f(4) = 5$$

と定めると，f は A から B への関数である．

あっさり説明したが，いろいろと注意すべき点がある．

- "対応させる規則" は何らかの意味があるとか，規則性があるとか，また，式で表されるか，そういったことは一切要求しない．とにかく，対応が定められていればよい．
- 写像を定義するためには，まず最初に「どこからどこへの写像か」ということを定めなければならない．したがって，高校での関数の扱いのように，「この関数の定義域を定めよ」という設問はナンセンスとなる．むしろ「定義域を定めてから写像を定義する」ということになる．

- 定義域 A のどの要素にも，B の要素が 1 つ対応する．しかし，B の要素のなかには，それに対応する A の要素が 1 つもないものが存在してもよい．上の例では $3 \in B$ がそうであって，$f(a) = 3$ となるような $a \in A$ は 1 つもない．

  特に，写像 $f: A \longrightarrow B$ が，

  > 任意の $b \in B$ に対して
  > $f(a) = b$ を満たす $a \in A$ が 1 つは存在する

  という性質を満たすとき，f は**全射**であるという．

- $a \in A$ に対して定まる B の要素は 1 つだけである．しかし，B の要素のなかには，$f(a) = b$ となる A の要素が複数あるものが存在してもよい．上の例では $5 \in B$ がそうであって，$1, 2, 4 \in A$ のいずれも $5 \in B$ に対応する．

  特に，写像 $f: A \longrightarrow B$ が

  > 任意の $b \in B$ に対して，
  > $f(a) = b$ を満たす $a \in A$ が存在しても 1 つだけである

  という性質を満たすとき，f は**単射**であるという．

- 全射であって，かつ，単射でもある写像を**全単射**という．

ここまで $f: A \longrightarrow B$ の定義域は詳にでてきたが，"値域"はまだ登場していない．**値域**は，f が全射でない限り B 全体ではなく，B の要素のうちでそれに f で写される A の要素があるようなものだけを集めてできる集合である．$f: A \longrightarrow B$ の値域を $f(A)$ で表す．値域は B の部分集合である．

例 21. $A = \{0, 1, 2\}$，$B = \{0, 1, 2, 3, 4, 5\}$ として，写像 $f: A \longrightarrow B$ を

$$f(0) = 0, \quad f(1) = 1, \quad f(2) = 4$$

として定める．つまり，$f(a) = a^2$ と定める．このとき，

$$f(A) = \{0, 1, 4\}$$

である．

一般に, B の要素 b が $f(A)$ に入るかどうかは,

$$f(a) = b \text{ となる } a \in A \text{ が存在するか}?$$

という条件で判定されるのだから,

$$f(A) = \{b \in B \mid f(a) = b \text{ となる } a \in A \text{ が存在する}\}$$

となる.

コメント

偶数の集合を

$$\{2m \mid m \in Z\}$$

と書く"ノリ"で行くならば, 値域 $f(A)$ は

$$f(A) = \{f(a) \mid a \in A\}$$

と書くことができる. つまり, "a が A の要素全部を動くときの $f(a)$ 全部の集合" $\{f(0), f(1), f(2)\}$ という気持ちの表現である. この方がむしろわかりやすいのかもしれない. しかし, 正式な"内包的定義"で書けるようにしておかないと, 後々苦労することになる. この本の内容だけに限定するならば, どちらの表現でも, とにかく値域というものが把握できさえすれば大丈夫だが.

4.2.2 有限集合

集合 A が有限集合であるとき, その要素の個数を $\#(A)$ で表す.

まず最初に, 有限集合 A が有限集合 B の部分集合であり, かつ, $\#(A) = \#(B)$ が成り立っているならば, $A = B$ であることに注意しておこう.

それでは, 有限集合 A から有限集合 B への写像 $f: A \longrightarrow B$ について調べてみよう.

- まず, 一般に f が何であっても,

$$\#(f(A)) \leq \#(A)$$

が成り立つ.

- f が単射であるとする．すると，"相異なる 2 つの要素が f により 1 つの要素に写る"ということはないのだから，f で写すことによって要素の個数は減らない．よって
$$\#(f(A)) = \#(A)$$
が成り立つ．
- 単射でないならば，f で写すことにより個数は減るのだから
$$\#(f(A)) < \#(A)$$
- 以上のことより，
    1) f が単射ならば $\#(f(A)) = \#(A)$
    2) $\#(f(A)) = \#(A)$ ならば f は単射
が成り立つ．

さて，$f: A \longrightarrow B$ を考えるとき，集合 A と集合 B が別の集合である必要はない．$A = B$ のケース，つまり，集合 A からそれ自身への写像 $f: A \longrightarrow A$ を考えてもよい．特に面白いのは，A が有限集合であるときの写像 $f: A \longrightarrow A$ である．

定理 1. 有限集合 A からそれ自身への写像 $f: A \longrightarrow A$ について
   1) f が単射ならば，f は全射である．
   2) f が全射ならば，f は単射である．

[証明]
1) の証明．f は単射であるとすると，$\#(f(A)) = \#(A)$ が成り立つ．

$f(A)$ は $A\ (= B)$ の部分集合であり，かつ，$\#(f(A)) = \#(A)$

となっているので，$f(A) = A\ (= B)$ が成り立つ．すなわち，f は全射である．
2) の証明．f は全射であるとすると，$f(A) = A\ (= B)$ が成り立つ．したがって，$\#(f(A)) = \#(A)$ であるので，f は単射である．

この定理により，有限集合 A から自分自身への写像 $f: A \longrightarrow A$ については，単射か全射のどちらかがいえれば，全単射であることもいえることがわかった．

それでは，この定理を使って整域での逆元の存在を証明をすることにしよう．しかし，その前に，もうひとつだけ例を．

例 22. 有限集合 $Z/5Z$ から $Z/5Z$ への写像

$$f: Z/5Z \longrightarrow Z/5Z$$

を，$x \in Z/5Z$ に対して $3x$ を対応させる写像として定める．つまり，$f(x) = 3x \in Z/5Z$ であり，

$$f(0) = 0, \quad f(1) = 3, \quad f(2) = 1, \quad f(3) = 4, \quad f(4) = 2$$

この写像 f は全単射である．

コメント

いままで，「写像 $f: A \longrightarrow B$, A の要素 a に対して $f(a)$」と極力 "文字 x を使っての $f(x)$" という表記を避けてきた．どうも，"$f(x)$" の "x" にはいろいろと "シキタリ" があってオドロオドロしくていけない．$f(x)$ の意味ひとつをとっても，「関数（写像）$f(x)$」の意味だったり「x に対しての関数 f の値 $f(x)$」の意味だったり，紛らわしい．そもそも，伝統的用語では "関数 f" という表現がないので，後者の文章は「x に対しての関数 $f(x)$ の値 $f(x)$」と，わけのわからない言い方になってしまう．

そこで，最初は "x" を避けてきたのだが，そろそろ使うことにしよう．後で文字が複数個入った式がでてくると，やはり独特のニュアンスをもった文字 "x" を使った方がわかりやすいのだ．

4.2.3 剰余系 Z/pZ

まず，ちょっとした細工をしておこう．

定義 1. p を素数とするとき，$Z/pZ = \{0, 1, 2, \cdots, p-1\}$ から要素 0 だけを取り除いた集合 $\{1, 2, 3, \cdots, p-1\}$ を $(Z/pZ)^*$ で表す．

Z/pZ は整域だから，$(Z/pZ)^*$ の 2 つの要素の積は 0 ではなく，したがって $(Z/pZ)^*$ の要素になる．このことを，

$$(Z/pZ)^* \text{ は積について閉じている}$$

と表現する．一般に，積とか和という特定の演算に限らず"閉じている"を定義すると，次のようになる．

定義 2. 集合 R の上に演算 $\perp$ が定められいるとする．R の部分集合 S が

$$a, b \in S \quad \text{ならば} \quad a \perp b \in S$$

という性質をもつとき，S は**演算 $\perp$ について閉じている**という．

コメント

このあたりから，ものものしく"定理"とか"定義"と宣言する書き方を始めるが，どの場合にはこのような書き方をして，どの場合には文中でさりげなく述べるかについては，気分によって決まる．

いままでも，"定義"と宣言するべき重要な定義もあったのだが，"定義"と宣言して書くにはあまりにもインフォーマルな言い回しをしていたので，文中でさりげなく片づけておいた．

コメント

$(Z/pZ)^*$ は積については閉じているが，和については閉じていない．さて，「一方 Z/pZ は和についても積についても閉じている」といいたくなるかもしれない．しかし，これは正しいことは正しいのだが，何の情報も得られない主張である．$a + b \in Z/pZ$, $ab \in Z/pZ$ が成り立たないことには，そもそも Z/pZ で和や積が定められといることにならないのだから，話の順序がむしろ逆なのだ．(現代数学のスタイルでは，「自然数 $\{1, 2, 3, \cdots\}$ の

集合 N に引き算という演算 "$-$" が定められている」とはいわない.「演算が定められている」というときには，演算の結果が必ずその集合の中に定められている必要がある.)

a を $(Z/pZ)^*$ の要素とする．写像

$$f_a : (Z/pZ)^* \longrightarrow (Z/pZ)^*$$

を $x \in (Z/pZ)^*$ に対して $f_a(x) = ax$ として定める．

ここで，$f_a(x)$ が $(Z/pZ)^*$ の要素になっていてくれないと $(Z/pZ)^*$ への写像ということにならないのだが，それは "$(Z/pZ)^*$ が積について閉じている" ということから保証されている．

これだけ準備しておくと，"$(Z/pZ)^*$ における逆元の存在" を一気に示すことができる．

補題 1. p を素数とするとき，任意の $a \in (Z/pZ)^*$ に対して

$$f_a : (Z/pZ)^* \longrightarrow (Z/pZ)^*$$

は単射である．

［証明］ $x_1, x_2 \in (Z/pZ)^*$ に対して，$f_a(x_1) = f_a(x_2)$ が成り立つとする．このとき，

$$ax_1 = ax_2$$

だから，Z/pZ において，

$$ax_1 - ax_2 = 0, \quad \text{よって} \quad a(x_1 - x_2) = 0$$

が成り立つ．Z/pZ は整域で，かつ，$a \neq 0$ だから

$$x_1 - x_2 = 0, \quad \text{よって} \quad x_1 = x_2$$

となる．

以上のことより，x_1, x_2 が相異なるならば，$f_a(x_1) = f_a(x_2)$ となることはありえないということがわかり，よって f_a は単射である．

定理 2. p を素数とするとき，任意の $a \in (Z/pZ)^*$ に対して

$$f_a : (Z/pZ)^* \longrightarrow (Z/pZ)^*$$

は全単射である．

［証明］　補題により f_a は単射であり，また，f_a は有限集合 $(Z/pZ)^*$ からそれ自身への写像だから，この章の定理 1 により，f_a は全単射である．

系　p を素数，$a \in (Z/pZ)^*$ とする．このとき，

$$ax = 1$$

を満たす $x \in (Z/pZ)^*$ がただ 1 つ存在する．すなわち，p を素数とするとき，$(Z/pZ)^*$ の要素は $(Z/pZ)^*$ において逆元をもつ．

［証明］　$A = B = (Z/pZ)^*$ とおくと，$f_a : A \longrightarrow B$ であり，上の定理により f_a は全単射である．

$1 \in B$ だから f_a が全射であることにより，$f_a(x) = 1$ を満たす $x \in A$ が存在する．このような $x \in A$ が 1 つしか存在しないことは，f_a が単射であることからわかる．よって，$ax = 1$ を満たす $x \in (Z/pZ)^*$ がただ 1 つ存在する．

コメント

　定理，補題，系の違いは …… 特にない．ただ，定理を証明するためにとりあえず必要になる結果を補題，定理からすぐ導かれる結果を系という "気分" である．形式的な違いとしては，系は通し番号を打たず「定理…の系」という言い方で引用するという違いがあるが，それだけのことである．

$a \in (Z/pZ)^*$ の逆元（それは 1 つだけである）を a^{-1} と書くことにする．記号 a^{-1} を用いて逆元であることを書くと，

$$aa^{-1} = 1, \quad a^{-1}a = 1$$

となる．

$(Z/pZ)^*$ の要素が必ず逆元をもつというのは，大変すばらしい結果である．このことは，Z/pZ では "+", "·", "−" だけでなく，"÷" も自由に使えるということを意味している（もちろん "÷" は 0 以外の要素での割り算だが）．すなわち，$a, b \in Z/pZ$, ただし $a \neq 0$, とするとき，方程式

$$ax = b$$

は Z/pZ において必ずただ 1 つの解をもつ（$x = a^{-1}b$ とすればよい）．

それではもう一度具体例を見ておこう．

例 23. $p = 7$ とする．

$f_2 : (Z/7Z)^* \longrightarrow (Z/7Z)^*$ は

$f_2(1) = 2, \quad f_2(2) = 4, \quad f_2(3) = 6, \quad f_2(4) = 1, \quad f_2(5) = 3, \quad f_2(6) = 5$

となる．また $f_3 : (Z/7Z)^* \longrightarrow (Z/7Z)^*$ は

$f_3(1) = 3, \quad f_3(2) = 6, \quad f_3(3) = 2, \quad f_3(4) = 5, \quad f_3(5) = 1, \quad f_3(6) = 4$

となる．

どちらの場合も，f_a は全単射で

$$f_a(1), \quad f_a(2), \quad f_a(3), \quad f_a(4), \quad f_a(5), \quad f_a(6)$$

は $(Z/pZ)^*$ の要素 $1, 2, 3, 4, 5, 6$ を並べ替えただけのものになっている（これが全単射ということの意味である）．

他の a についての f_1, f_4, f_5, f_6 を調べてみるためには，$(Z/pZ)^*$ の（積の）演算表を書いてみればよい．

演算表の，たとえば3番目の横の並びが

$$f_3(1) = 3, \quad f_3(2) = 6, \quad f_3(3) = 2, \quad f_3(4) = 5, \quad f_3(5) = 1, \quad f_3(6) = 4$$

を与えているわけだ．

$(Z/7Z)^*$ の演算表

	1	2	3	4	5	6
1	1	2	3	4	5	6
2	2	4	6	1	3	5
3	3	6	2	5	1	4
4	4	1	5	2	6	3
5	5	3	1	6	4	2
6	6	5	4	3	2	1

f_a の表

	1	2	3	4	5	6
f_1	1	2	3	4	5	6
f_2	2	4	6	1	3	5
f_3	3	6	2	5	1	4
f_4	4	1	5	2	6	3
f_5	5	3	1	6	4	2
f_6	6	5	4	3	2	1

この表から，f_a が $f_1, f_2, f_3, f_4, f_5, f_6$ のどれであっても

$$f_a(1), \quad f_a(2), \quad f_a(3) \quad f_a(4), \quad f_a(5), \quad f_a(6)$$

は $(Z/pZ)^*$ の要素 $1, 2, 3, 4, 5, 6$ を並べ替えただけのものになっていること，また，

$$f_a(1), \quad f_a(2), \quad f_a(3) \quad f_a(4), \quad f_a(5), \quad f_a(6)$$

のうちの1つだけが1であることがわかるが，これは，すでに"f_a が全単射である"，"a は逆元をもつ"という形で証明してある．

4.3　フェルマーの小定理

それでは，フェルマーの小定理を導くことにしよう．この節も前節に引き続き，"素数 p を法としての Z/pZ"を用いる．

4.3.1　フェルマーの小定理

最初にフェルマーの小定理を提示しておこう．

定理 3 (フェルマーの小定理) p は素数, a は p の倍数ではない整数とする. このとき

$$a^{p-1} \equiv 1 \bmod p$$

が成り立つ.

この定理は, また, Z/pZ の言葉で表現して,

── フェルマーの小定理 ──────────────
p は素数, $a \in (Z/pZ)^*$ とすると

$$a^{p-1} = 1$$

が成り立つ.

とすることもできる.

それでは, p は素数とし, $a \in (Z/pZ)^*$ としてこの定理を導こう. 前節で, $(Z/pZ)^*$ において f_a が全単射であるという性質, つまり

$$f_a(1), \quad f_a(2), \quad f_a(3), \quad \cdots, \quad f_a(p-1)$$

が $(Z/pZ)^*$ の要素 $\{1, 2, 3, \cdots, p-1\}$ の並べ替えにすぎない, という性質を得た. ここで, ちょっとしたアイデアがあれば, すぐにフェルマーの小定理が得られる. すなわち

$f_a(1), f_a(2), \cdots, f_a(p-1)$ は $1, 2, \cdots, p-1$ の並べ替えにすぎないのだから, 積をとってしまえば等しくなり

$$f_a(1) \cdot f_a(2) \cdot \cdots \cdot f_a(p-1) = 1 \cdot 2 \cdot \cdots \cdot (p-1)$$

あとは, 普通に計算してみるだけのことである.

まず, $1 \cdot 2 \cdot \cdots \cdot (p-1) = K$ とおく. Z/pZ は整域だから ($(Z/pZ)^*$ は積について閉じているから, といってもよい), K は 0 ではない. ここで上の等式

の左辺を，$f_a(x) = ax$ を使って計算すると，

$$f_a(1) \cdot f_a(2) \cdot \cdots \cdot f_a(p-1) = (a \cdot 1) \cdot (a \cdot 2) \cdot \cdots \cdot (a \cdot (p-1))$$
$$= \overbrace{a \cdot a \cdot \cdots \cdot a}^{p-1} \cdot (1 \cdot 2 \cdot \cdots \cdot (p-1))$$
$$= a^{p-1} K$$

したがって，

$$a^{p-1} K = K, \quad \text{よって} \quad (a^{p-1} - 1)K = 0$$

が得られる．ここで，Z/pZ は整域であって，かつ，$K \neq 0$ だから

$$a^{p-1} = 1$$

となる．こうして，フェルマーの小定理が得られた．

コメント

フェルマーの "小" 定理という言葉は，気になるかもしれない．普通，単にフェルマーの定理というと，300年来の大難問として名高い

> $n \geq 3$ に対しては，$a^n + b^n = c^n$ を満たす整数は $abc = 0$ となるもの以外には存在しない．

という定理を指す．

この定理は，1991年にイギリスの数学者ワイルズによって証明された．したがって，本当はワイルズの定理と呼ぶべきなのだが，長年の習慣でフェルマーの定理と呼ばれている．フェルマーの小定理は，この "大定理" に敬意を表して "小定理" と呼ばれているわけだ．

4.3.2 フェルマーの小定理の応用

それでは，フェルマーの小定理のパワーを堪能することにしよう．

例 24. 12^{226} を素数113で割った余りを求めよ．

[解]　$p = 113$ とおくと，p は素数だからフェルマーの小定理により

$$12^{p-1} \equiv 1 \mod p$$

また，226 を $p - 1 = 112$ で割った商と余りを求めると

$$226 = (p-1) \times 2 + 2$$

だから，

$$12^{226} = (12^{p-1})^2 \cdot 12^2 \equiv 1^2 \cdot 144$$
$$\equiv 31 \mod 113$$

よって，12^{226} を 113 で割った余りは 31 である．

これと同じように計算すれば，一般に

$$a^n \text{ を素数 } p \text{ で割った余り}$$

を求めることができるので，計算法をまとめておこう．

- $a \equiv 0 \mod p$ のときは，$a^n \equiv 0 \mod p$ であり，余りは 0
- $a \not\equiv 0 \mod p$ のときは，n を $p-1$ で割った余りを r として，a^r を p で割った余りを求めればよい．

$a \not\equiv 0 \mod p$ のケースを確認しておこう．まず，フェルマーの小定理により

$$a^{p-1} \equiv 1 \mod p$$

が成り立つ．n を $p-1$ で割った商を K とすると，n は商 K と余り r を用いて，

$$n = (p-1)K + r$$

と表され，したがって

$$a^n = (a^{p-1})^K \cdot a^r$$
$$\equiv 1^K \cdot a^r = a^r \mod p$$

となる．よって，a^n を p で割った余りを求めるためには，n を $p-1$ で割った余りを r として，a^r を求めればよい．

紛らわしいのは，r は $p-1$ で割った余り（p で割った余りではなく）だというところだろうか．

さて，こう書いても，"a^n を p で割った余り"を求める代わりに"a^r を p で割った余り"を求めることになるだけで，あまり有り難みが感じられないかもしれない．しかし，n が p に比べて極端に大きいときには，a^n と a^r では大変な違いになる．つまり，「n がどんなに大きくても，r は高々 $p-2$ 以下」となるのが，うれしいのだ．

コメント

ところで，2章の最後でも，合同式を使ってこのタイプの計算をした．そこでの合同式計算の"御利益"は a を p で割った余りで置き換えられることと，$a^L \equiv 1 \bmod p$ を満たす L が見つかれば，n を L で割った余りで n を置き換えられることであった．フェルマーの小定理の"御利益"は，見つかれば，と仮定しなくても $p-1$ がいつでも L の役目を果たすということを保証していることである．

それでは，かなり大きな数の絡んだ計算をしてみよう．

例題 7. $p = 101, a = 1010000011, n = 172737475767778797$ とするとき，a^n を p で割った余りを求めよ．

[解]

$$a = 101 \times 10000000 + 11 \equiv 11 \bmod p, \qquad n \equiv 97 \bmod p-1$$

だから，

11^{97} を 101 で割った余り

を計算すればよい …… といっても,これでも一見大変な計算に見えるのだが,ちょっとした工夫をすれば,大した計算をしなくても求めることができる(電卓を使えばだが).

まず,$11^2, 11^4, 11^8, 11^{16}, \cdots$ を mod 101 で計算しておく.

$$
\begin{array}{rcccccl}
11^2 & = & 11 \cdot 11 & = & 121 & \equiv & 20 \bmod 101 \\
11^4 & = & 11^2 \cdot 11^2 & \equiv & 20 \cdot 20 & = 400 & \equiv 97 \bmod 101 \\
11^8 & = & 11^4 \cdot 11^4 & \equiv & 97 \cdot 97 & = 9409 & \equiv 16 \bmod 101 \\
11^{16} & = & 11^8 \cdot 11^8 & \equiv & 16 \cdot 16 & = 256 & \equiv 54 \bmod 101 \\
11^{32} & = & 11^{16} \cdot 11^{16} & \equiv & 54 \cdot 54 & = 2916 & \equiv 88 \bmod 101 \\
11^{64} & = & 11^{32} \cdot 11^{32} & \equiv & 88 \cdot 88 & = 7744 & \equiv 68 \bmod 101
\end{array}
$$

さて,$97 = 64 + 32 + 1$ と書けるので

$$11^{97} = 11^{64} \cdot 11^{32} \cdot 11$$
$$\equiv 68 \cdot 88 \cdot 11$$

ここで,
$$68 \cdot 88 = 5984 \equiv 25 \bmod 101$$
$$68 \cdot 88 \cdot 11 \equiv 25 \cdot 11 = 275 \equiv 73 \bmod 101$$

よって,求める余りは 73 である.

コメント

$97 \cdot 97$ とか $88 \cdot 88$ は

$$97 \cdot 97 \equiv (-4) \cdot (-4) = 16 \bmod 101$$
$$88 \cdot 88 \equiv (-13) \cdot (-13) = 169 \equiv 68 \bmod 101$$

と計算した方が簡単.

コメント

ついでだから,巻末に付録として $a^n = 1010000011^{172737475767778797}$ を 101 で割った商と余りを書いておいた …… なんてことはできっこない.商

の数値を書こうとしたら，100ページの本全部を使っても書き切れないどころか，10冊，100冊でも済まず，国会図書館のスペースすべてを使っても収納しきれないくらい冊数となるはずだ．

コメント

商を求めるのは結果を書き切れないからやめにして，今度は「コンピュータを使ってよいから，余りだけ求めよ」と要求されたとしよう．コンピュータで力まかせに計算できるのだから，フェルマーの小定理など使わなくてもよいのではないだろうか．素朴に mod 101 で

$$a^2, a^3, a^4, \cdots$$

と計算をしていって，a^n を求めるというのは？

これは mod 101 で計算しているのだから，途中の計算でもたいして大きな数値は出てこない．しかし，今度は計算回数があまりにも多すぎて，コンピュータを使っても1日かそこらで終わる計算ではない．さらに，n が50桁にでもなったら，現在最速のコンピュータを使ったところで宇宙の終わりまでに結果を得ることは不可能である．

コメント

よって，フェルマーの小定理は大変役に立つ定理である，として話を終わることができればよいのだが，残念ながらそうはいかない．

実は，上の解答で使った"ちょっとした工夫"を使ってプログラムを組めば，n が100桁でも1000桁でも計算することができる．このタイプの問題に関しては，フェルマーの小定理は便利ではあるが，絶対不可欠というわけではないのだ．

フェルマーの小定理の本当の値打ちは，"役に立つ"ということよりは，素数の性質についての洞察を与えるといった，理論的側面にあるのだ．

5

オイラーの定理

フェルマーの小定理は，残念ながら法が素数の場合にしか成り立たない．フェルマーの小定理のような美しい定理を見ると「法が素数でない場合でも，なんとか類似の定理が成り立つようにできないだろうか？」という気持ちになる．この章のテーマ「オイラーの定理」は，フェルマーの小定理を，素数を法とする場合から一般の場合に拡張したものとなっている．

フェルマーの小定理では "素数" がキーワードであったが，今度のキーワードは "互いに素" である．

5.1　"互いに素" と $(Z/mZ)^*$

5.1.1　公約数

a. 公約数

2つの整数 a, b の**公約数**とは，a の約数であって，かつ，b の約数でもあるような整数のことである．

例 25.　12 と 30 の公約数は，1, 2, 3, 6, および $-1, -2, -3, -6$

約数と同様，公約数もプラス・マイナスがペアで出てくるので，正の公約数に限って調べれば十分である．また，1 はどのような2つの整数に対しても公約数になっている．

b. 互いに素

2つの正整数 a, b が1以外に正の公約数をもたないとき, a, b は**互いに素**であるという.

次の補題の内容は, すでに説明し何回か使ってきたことなのだが, 要点をはっきりさせるために, ここで補題としてまとめておいた.

なお, 今後この章では, 特に断らない限り m は正整数 (ただし $m > 1$) を表すものとする.

補題 2.

1) p は素数とする. 正整数 a, b が $ab \equiv 0 \mod p$ を満たすならば, $a \equiv 0 \mod p$, もしくは $b \equiv 0 \mod p$ のどちらかは成り立つ.

2) m が素数でないならば, m を割り切る素数が存在する.

最初の性質は, Z/pZ が整域であるということの言い換えで, また, 2番目の性質は1章で証明しておいた.

この補題から, 次の定理が証明される.

定理 4. 正整数 a, b がともに m と互いに素ならば, ab も m と互いに素である.

[証明] ab と m が互いに素でないと仮定すると, ab と m は公約数 $d\,(>1)$ をもつ. d が素数でないときは, 上の補題により d を割り切る素数が存在するので, その素数を p とおき, d が素数のときは d 自身を p とおくと, p は ab と m の公約数になる. p は ab の約数だから $ab \equiv 0 \mod p$ を満たし, 上の補題により

$$a \equiv 0 \mod p, \quad b \equiv 0 \mod p$$

のどちらかは成立する. しかし,

前者の場合は, p は a と m の公約数

後者の場合は, p は b と m の公約数

となるので,a, b ともに m と互いに素という仮定に反する.よって,ab と m は互いに素である.

5.1.2 $(Z/mZ)^*$

定理 4 は,m と互いに素な数の集合が積について閉じているということを表している.

次に,これを剰余系 Z/mZ の中で考えて,$Z/mZ = \{1, 2, 3, \cdots, m-1\}$ の要素のうち m と互いに素なものだけを集めた集合を $(Z/mZ)^*$ で表すことにする.

例 26. $m = 6$ とする.$1, 2, 3, 4, 5$ の中から 6 と公約数をもつものを消すと $1, \not{2}, \not{3}, \not{4}, 5$ となるので,
$$(Z/6Z)^* = \{1, 5\}$$

例 27. $m = 12$ とする.$1, 2, 3, 4, 5, 6, 7, 8, 9, 10, 11$ の中から 12 と公約数をもつものを消すと
$$1, \not{2}, \not{3}, \not{4}, 5, \not{6}, 7, \not{8}, \not{9}, \not{10}, 11$$
となるので,
$$(Z/12Z)^* = \{1, 5, 7, 11\}$$

$(Z/6Z)^*$ と $(Z/12Z)^*$ の,積についての演算表を書いてみると次にようになる.

$(Z/6Z)^*$ の演算表

	1	5
1	1	5
5	5	1

$(Z/12Z)^*$ の演算表

	1	5	7	11
1	1	5	7	11
5	5	1	11	7
7	7	11	1	5
11	11	7	5	1

"$(Z/mZ)^*$ は積について閉じている" ということを反映して，この演算表の中には $(Z/mZ)^*$ 以外の要素は現れていない．

さて，この演算表を見てみると，どことなく素数 p に対しての $(Z/pZ)^*$ と状況が似ている．たとえば，$(Z/12Z)^*$ では，横の列はやはり，$(Z/12Z)^*$ の要素 $1, 5, 7, 11$ の並べ替えになっている …… ということは，再び，$a \in (Z/mZ)^*$ に対して

$$f_a : (Z/mZ)^* \longrightarrow (Z/mZ)^*, \quad f_a(x) = ax$$

と定めてやれば（積について閉じているのだから $f_a(x) \in (Z/mZ)^*$ であり，$(Z/mZ)^*$ への写像として定められる），フェルマーの小定理を導いた議論のまねをしていくことができそうである．（そもそも $(Z/mZ)^*$ と，素数の場合と同じ記号を使っていることからしてミエミエなのでは？）

しかし，$m = 6, m = 12$ だけでは，まぐれかもしれないので，もうひとつだけ確かめておこう．

例 28. $m = 15$ とする．$1, 2, 3, 4, 5, 6, 7, 8, 9, 10, 11, 12, 13, 14$ の中から 15 と公約数をもつものを消すと

$$1, 2, \cancel{3}, 4, \cancel{5}, \cancel{6}, 7, 8, \cancel{9}, \cancel{10}, 11, \cancel{12}, 13, 14$$

となるので，

$$(Z/15Z)^* = \{1, 2, 4, 7, 8, 11, 13, 14\}$$

となる．また，$(Z/15Z)^*$ の，積についての写像 f_a の表を書いてみると，次のようになる．

	1	2	4	7	8	11	13	14
f_1	1	2	4	7	8	11	13	14
f_2	2	4	8	14	1	7	11	13
f_4	4	8	1	13	2	14	7	11
f_7	7	14	13	4	11	2	1	8
f_8	8	1	2	11	4	13	14	7
f_{11}	11	7	14	2	13	1	8	4
f_{13}	13	11	7	1	14	8	4	2
f_{14}	14	13	11	8	7	4	2	1

5.1.3　証明のストーリー

これらの"実験"の結果から見ると，f_a はまたもや全単射となっているようだ．こうなると，$(Z/pZ)^*$ のケースをまねて，次のようなストーリーを組み立てたくなる．

1) まず，$a \in (Z/mZ)^*$ に対して f_a が単射であることを示す．

2) f_a は有限集合から自分自身への単射なので，4章の定理1により f_a は全単射になる．

3) $(Z/mZ)^*$ の要素の個数を ℓ として，$(Z/mZ)^* = \{a_1, a_2, \cdots, a_\ell\}$ と表しておき，さらに，$(Z/mZ)^*$ の要素全部の積 $a_1 a_2 \cdots a_\ell$ を K とおくことにする．f_a は全単射だから，$f_a(a_1), f_a(a_2), \cdots, f_a(a_\ell)$ は $a_1, a_2, \cdots, a_\ell$ の並べ替えにすぎず，よって

$$f_a(a_1) \cdot f_a(a_2) \cdot \cdots \cdot f_a(a_\ell) = K$$

4) 一方，$f_a(x) = ax$ だから

$$f_a(a_1) \cdot f_a(a_2) \cdot \cdots \cdot f_a(a_\ell) = (aa_1)(aa_2) \cdots (aa_\ell) = a^\ell K$$

5) よって，$a^\ell K = K$ であり，$K(a^\ell - 1) = 0$

6) この等式から $a^\ell - 1 = 0$ が導かれるならば，

$$a^\ell = 1$$

が得られたことになる（もちろん，Z/mZ において）．

$a^\ell = 1$, すなわち $a^\ell \equiv 1 \bmod m$ という結果はフェルマーの小定理と類似していて，なかなか感じがよい．なんとか，このストーリーを現実化したいものだ．やり残しの仕事は，1) と 6) だけである．

そこで，まず，$a \in (Z/mZ)^*$ に対して f_a が単射であることを示すことを試みてみよう．

$f_a(x_1) = f_a(x_2)$ を満たすような $(Z/mZ)^*$ の要素 x_1, x_2 が存在すると仮定すると，$ax_1 = ax_2$ となるので

$$a(x_1 - x_2) = 0$$

ここで ……．しかし，問題はここからどう進むかだ．

Z/mZ において $a(x_1-x_2) = 0$ であるときは，つまり $a(x_1-x_2) \equiv 0 \bmod m$ であるときは，$x_1 - x_2 \equiv 0 \bmod m$ が得られるということを示さなければ，先に進めない．

しかし，m が素数でないときには，

$$a \not\equiv 0 \bmod m, \quad b \not\equiv 0 \bmod m, \quad ab \equiv 0 \bmod m$$

が同時に成り立つ可能性を以前に見た（たとえば，$m = 6, a = 2, b = 3$ のケース）．ただ，今回は $a \not\equiv 0 \bmod m$ というだけでなく，もっと強い条件 "a は m と互いに素である" が与えられているので，これを活かせないか，ということになる．

まずは，

$a \in (Z/mZ)^*, b \neq 0$ に対して $ab = 0$ となる可能性があるか？

を調べるため，$m = 15$ として "実験" をしてみよう．

$(Z/15Z)^*$ の要素と $Z/15Z$ の 0 でない要素の積

	1	2	3	4	5	6	7	8	9	10	11	12	13	14
1	1	2	3	4	5	6	7	8	9	10	11	12	13	14
2	2	4	6	8	10	12	14	1	3	5	7	9	11	13
4	4	8	12	1	5	9	13	2	6	10	14	5	7	11
7	7	14	6	13	5	12	4	11	3	10	2	9	1	8
8	8	1	9	2	10	3	11	4	12	5	13	6	14	7
11	11	7	3	14	10	6	13	1	9	5	1	12	8	4
13	13	11	9	7	5	3	1	14	12	10	8	6	4	2
14	14	13	12	11	10	4	8	7	6	5	4	3	2	1

この"実験"の結果を眺めると,このケースでは ab が 0 になることは起こっていない.それでは,これを定理の形にして証明を与えることにしよう.

定理 5. 正整数 a は m と互いに素であるとする.このとき,

$$ab \equiv 0 \bmod m \quad ならば \quad b \equiv 0 \bmod m$$

が成り立つ.Z/mZ の言葉で表現するならば,

$$a \in (Z/mZ)^*, b \in Z/mZ \text{ が } ab = 0 \text{ を満たすならば,} \quad b = 0$$

[証明] この定理は 2 以上のすべての整数 m についての主張だが,まず,m を $2, 3, 4, \cdots$ と 1 つずつ固定して,定理の主張が成り立つかを考える.たとえば,$m = 6$ に対しては

a は 6 と互いに素で,かつ,$ab \equiv 0 \bmod 6$ であるならば,$b \equiv 0 \bmod 6$
が成り立つ

という主張(これを Q_6 で表すことにする)の真偽を検証する.

さて,この定理が成り立たないと仮定してみよう.すると,Q_m が偽となるような m が存在することになるが,そのうちの最小のものを m_0 とする.このとき,Q_{m_0} は偽だから

a) a は m_0 と互いに素,

b) $ab \equiv 0 \bmod m_0$,

c) $b \not\equiv 0 \bmod m_0$

が同時に成り立つような a, b が存在する．このとき，Q_{n_0} が偽となるような n_0, $2 \leqq n_0 < m_0$, の存在を，以下の 1), 2), 3) のステップで示す．

1) m_0 は素数ではない．素数 p に対して Q_p が真であることは，すでに "Z/pZ は整域"という形で確認してあるから．

2) m_0 は素数ではないので，補題 2 により，m_0 の約数となる素数 p が存在する．

   a) m_0 を，$m_0 = n_0 p$ と表しておく．

   b) また，

      i) a は m_0 と互いに素だから，$a \not\equiv 0 \bmod p$

      ii) $ab \equiv 0 \bmod m_0$ だから，$ab \equiv 0 \bmod p$

   となっているので，p が素数であることから $b \equiv 0 \bmod p$ であり，$b = b_0 p$ と表すことができる．

3) このとき

   a) a は $m_0 (= n_0 p)$ と互いに素だから，<u>a は n_0 とも互いに素である</u>．

   b) $ab \equiv 0 \bmod m_0$ だから $ab = m_0 K$ と表され，したがって $a(b_0 p) = (n_0 p) K$ となる．よって，$a b_0 = n_0 K$ であり，

$$\underline{ab_0 \equiv 0 \bmod n_0}$$

   c) 仮に $b_0 \equiv 0 \bmod n_0$ となったとすると，$b_0 = n_0 L$ と書くことができ，したがって $(b =) b_0 p = n_0 p L (= m_0 L)$ となる．しかし，これは $b = m_0 L$，すなわち $b \equiv 0 \bmod m_0$ を意味しているので最初の $b \not\equiv 0 \bmod m_0$ という仮定に反する．よって，<u>$b_0 \not\equiv 0 \bmod n_0$</u>

これは Q_{n_0} が偽であることを意味している．

こうして，Q_{n_0} が偽であるような n_0 が存在することが示された．そして，$m_0 = n_0 p$ であり，また，m_0 は素数でないとうことから，$2 \leqq n_0 < m_0$ となる．しかし，これは m_0 が最小ということに矛盾してしまう．このような矛盾が生じたのは，Q_m が偽になるような m が存在すると仮定したためであり，よって Q_m が偽になるような m は存在しない．こうして定理が証明された．

コメント

　何だかえらく持って回った証明になってしまったが，それは「素因数分解の一意性」を使わないで証明したかったからである．素因数分解を知っている人なら，上の定理は特に"証明"が与えられなくても，じっと考えれば「当然正しい」と見抜くと思う．

　しかし，1章にも述べたように，「素因数分解の一意性」をきちんと証明する道は避けたかったし，また，このようなデリケートな問題（実は本人が「当然正しい」と思っているほど"当然"ではないのだ）をいいかげんに扱うのも避けた方がよさそうなので，結局「素因数分解の一意性」は回避して進むことにした．

5.2　逆元の存在とオイラーの定理

　ここまでで，オイラーの定理に向けての，やっかいな部分はすべて片づいている．後は，特に引っかかるところもなく，あらかじめ想定したストーリー通りに，話を進めることができる．

5.2.1　逆元の存在

　それではまず，"f_a が全単射である"というところまで進もう．

補題 3. $a \in (Z/mZ)^*$ とするとき，$f_a : (Z/mZ)^* \longrightarrow (Z/mZ)^*$ は全単射である．

［証明］　$f_a(x_1) = f_a(x_2)$ が成り立つような $x_1, x_2 \in (Z/mZ)^*$ が存在すると仮定する．このとき，$ax_1 = ax_2$ だから，$a(x_1 - x_2) = 0$ となるが，$a \in (Z/mZ)^*$ だから，定理5により

$$x_1 - x_2 = 0, \quad \text{したがって } x_1 = x_2$$

よって，f_a は単射である．さらに，f_a は有限集合からそれ自身への単射だから，定理1により，全単射である．

フェルマーの小定理のときと同じく，この段階で逆元の存在がわかる．

定理 6. 任意の $a \in (Z/mZ)^*$ はただ 1 つの逆元をもつ．

［証明］ f_a は全射であり $1 \in (Z/mZ)^*$ だから $f_a(x) = 1$ を満たす $x \in (Z/mZ)^*$ が存在する．すなわち，逆元をもつ．また，f_a は単射だから逆元は 1 つしかない．

5.2.2 オイラーの定理とその証明

それでは，オイラーの定理を提示して証明を片づけてしまおう．

定理 7 (オイラーの定理) m は 2 以上の正整数，ℓ は $(Z/mZ)^*$ の要素の個数とする．このとき，任意の $a \in (Z/mZ)^*$ に対して

$$a^\ell = 1$$

が成り立つ．すなわち，m と互いに素な任意の整数 a に対して

$$a^\ell \equiv 1 \bmod m$$

が成り立つ．

［証明］ m は 2 以上の正整数とする．

$(Z/mZ)^* = \{a_1, a_2, \cdots, a_\ell\}$ と表しておき，さらに，$(Z/mZ)^*$ の要素全部の積 $a_1 a_2 \cdots a_\ell$ を K とおくことにする．

ここで，$(Z/mZ)^*$ は積について閉じているので，その要素の積 K 自身も $(Z/mZ)^*$ の要素となること，つまり，$K \in (Z/mZ)^*$ であることに注意．

$a \in (Z/mZ)^*$ とすると，f_a は全単射だから，$f_a(a_1), f_a(a_2), \cdots, f_a(a_\ell)$ は $a_1, a_2, \cdots, a_\ell$ の並べ替えにすぎず，よって

$$f_a(a_1) \cdot f_a(a_2) \cdot \cdots \cdot f_a(a_\ell) = K$$

一方，$f_a(x) = ax$ だから

$$f_a(a_1) \cdot f_a(a_2) \cdot \cdots \cdot f_a(a_\ell) = (aa_1)(aa_2)\cdots(aa_\ell) = a^\ell K$$

よって，$a^\ell K = K$ であり，$K(a^\ell - 1) = 0$ ここで，$K \in (Z/mZ)^*$ だから再び定理 5 により，

$$a^\ell - 1 = 0, \quad \text{よって} \quad a^\ell = 1$$

となり，定理は証明された．

5.2.3 オイラーの φ 関数

オイラーの定理の証明で，$(Z/mZ)^*$ の要素すべての積を使った．しかし，この積そのものは，議論の途中で必要になるだけで，定理の形までもっていってしまえば消えてしまう．一方，"$(Z/mZ)^*$ の要素の個数"は定理の中にまで入ってくる．そこで，$(Z/mZ)^*$ の要素の個数に対しては，きちんとした記号を用意しておくことにしよう．

定義 3. 集合 $(Z/mZ)^*$ の要素の個数を $\varphi(m)$ で表す．

m に $\varphi(m)$ を対応させる写像を**オイラーの φ 関数**と呼ぶ．

コメント

写像を定義するといいながら，「どこからどこへの写像か」を明示しなかった．これでは写像の定義にはなっていない．正確に定義するなら，φ は N $(= \{1,2,3,\cdots\})$ から N への写像で，

$\varphi(m)$ は $1,2,3,\cdots,m$ のうちで m と互いに素であるものの個数

となる．「$1,2,3,\cdots,m$ のうちで m と互いに素」といっても，「$1,2,3,\cdots,m-1$ のうちで m と互いに素」といっても，いずれにせよ m は m と互いに素ではなくカウントされないわけだから関係ない …… といいたいところだが，実は $m=1$ のときだけ違いが生じて，正確な定義に基づけば $\varphi(1) = 1$ ということになる（1 は 1 と互いに素！）．こう決めるには理由があるのだが，この本に関する限り，$\varphi(1)$ は出てこないので，気にしない方がよい．

例 29. 例 26, 例 27 で見たように,

$$(Z/6Z)^* = \{1, 5\}, \quad (Z/12Z)^* = \{1, 5, 7, 11\}$$

だから, $\varphi(6) = 2$, $\varphi(12) = 4$.

また, 31 は素数だから, $1, 2, 3, \cdots, 30$ はすべて 31 と互いに素であり, $\varphi(31) = 30$. 一般に, p が素数ならば $\varphi(p) = p - 1$.

5.2.4 オイラーの定理

せっかく記号を用意したのだから, オイラーの定理もこの記号を使って書き換えておこう. 数学的推論をするためには, 合同式よりも Z/mZ の方がすっきりしているが, "整数の世界から離れない" という点では (つまり $2 + 3 = 1$ という奇妙な世界に入らないという点では), 合同式の方がよさそうだ. そろそろ次の章での応用も視野に入れて, 合同式で表現しておこう. 後の引用のために定理として記述するが, 内容は定理 7 の言い換えにすぎない.

定理 8 (オイラーの定理) m は 2 以上の正整数, a は m と互いに素な正整数とする. このとき,

$$a^{\varphi(m)} \equiv 1 \mod m$$

それでは, 例をいくつか見ておこう.

例 30. m が素数 p のとき, 例 29 で見たように, $\varphi(p) = p - 1$.

また, a が素数 p と互いに素ということは, a が p の倍数でないということと同じだから, オイラーの定理は

$$a \text{ が } p \text{ の倍数でないならば, } a^{p-1} \equiv 1 \mod p$$

となり, フェルマーの小定理に還元される. つまり, フェルマーの小定理はオイラーの定理の特別な場合となる.

例 31. $m = 12$ とすると, 例 29 で見たように, $(Z/12Z)^* = \{1, 5, 7, 11\}$ であり, $\varphi(12) = 4$. ここで, $a = 1, 5, 7, 11$ のそれぞれについて a^4 を $m = 12$

で割った商と余りを，電卓を用いて計算してみると

$$
\begin{aligned}
1^4 &= & 1 &= 12 \cdot 0 & +1 \\
5^4 &= & 625 &= 12 \cdot 52 & +1 \\
7^4 &= & 2401 &= 12 \cdot 200 & +1 \\
11^4 &= & 14641 &= 12 \cdot 1220 & +1
\end{aligned}
$$

となり，確かに m で割った余りは 1 である．

オイラーの定理では "m と互いに素な整数 a" と，a に制限をつけている．

ついでだから，$m = 12$ のケースで，a が m と互いに素でなくなる $a = 2, 3, 4, 6, 8, 9, 10$ の場合すべてを計算しておく．

例 32.

$$
\begin{aligned}
2^4 &= & 64 &= 12 \cdot 5 & +4, & \quad 2^4 &\equiv 4 \bmod 12 \\
3^4 &= & 81 &= 12 \cdot 6 & +9, & \quad 3^4 &\equiv 9 \bmod 12 \\
4^4 &= & 256 &= 12 \cdot 21 & +4, & \quad 4^4 &\equiv 4 \bmod 12 \\
6^4 &= & 1296 &= 12 \cdot 108 & +0, & \quad 6^4 &\equiv 0 \bmod 12 \\
8^4 &= & 4096 &= 12 \cdot 341 & +4, & \quad 8^4 &\equiv 4 \bmod 12 \\
9^4 &= & 6561 &= 12 \cdot 546 & +9, & \quad 9^4 &\equiv 9 \bmod 12 \\
10^4 &= & 10000 &= 12 \cdot 833 & +4, & \quad 10^4 &\equiv 4 \bmod 12
\end{aligned}
$$

a についての条件を外すと定理の結論はまったく成り立たなくなることがわかる．

さて，6 章で述べるように，RSA 公開鍵暗号方式ではオイラーの定理が使われるのだが，そこでの m は非常に大きな 2 つの素数 p, q の積になっている．

そこで，$m = pq$ の場合について，オイラーの φ 関数を求めておこう．

例題 8. 2 つの素数 $p = 5, q = 7$ の積を $m = pq = 35$ とするとき，$\varphi(35)$ を求めよ．

［解］

まず，$\varphi(35)$ を求めるために，$1, 2, 3, \cdots, 35$ のなかで 35 と互いに素でないも

のを消して行く（最後が 34 でなく 35 となっているが，どうせこれは消すのだから同じ）．素朴に実行してもよいのだが，少し工夫する．

5 の倍数は

$$\overbrace{1,2,3,4,\not{5},}\overbrace{6,7,8,9,1\!\!\!/0,}\cdots\cdots,\overbrace{31,32,33,34,3\!\!\!/5}$$

と 5 個に 1 個ずつ消されるので，7 個消される．

7 の倍数は

$$\overbrace{1,2,3,4,6,\not{7},}\overbrace{8,9,11,12,13,1\!\!\!/4,}\cdots\cdots,\overbrace{29,30,31,32,33,34,3\!\!\!/5}$$

と 7 個に 1 個ずつ消されるので，5 個消される．

両方で消される個数は $p+q=5+7=12$ だが，35 は重複して消されているので，消される個数は $p+q-1=11$．

したがって，残った個数は $n-(p+q-1)=24$ であり，$\varphi(35)=24$． □

この例の議論を検討してみると，$p=5, q=7$ の場合に限らず，m が 2 つの（相異なる）素数 p, q の積であれば，数値を変えるだけでそのまま通用することがわかる．これは後で使うのだが，定理とするのも大げさなので，例という形でまとめておく．

例 33 (2 つの素数の積の場合) m が 2 つの相異なる素数 p, q の積ならば，

$$\varphi(m) = pq - p - q + 1$$

さて，せっかく $\varphi(35)=24$ を求めたのだから，数式処理ソフトを用いて，a^{24} を 35 で割った商と余りを求めてみた．ただし，大きな数になってスペースをとるので，a としてすべてを検討するのはあきらめて，$a=11$ の場合だけで妥協しておく．

$$11^{24} = 9849732675807611094711841$$
$$= 35 \times 281420933594503174134624 + 1$$

しかし，数式処理ソフトというのは使い心地がよいだけに，どうも悪のりをしたくなっていけない ...... あとひとつだけ!

例 34. m は 2 つの素数 7 と 17 の積 119 とする．

このとき $\varphi(m) = m - p - q + 1 = 96$ である．

$a = 4$ に対して，$a^{\varphi(m)}$ を m で割った商と余りを求めると，

$4^{96} = 6277101735386680763835789423207666416102355444464034512896$

$= 119 \times 52748754078879670284334364900904759799179457516504491705 + 1$

であり，確かに $4^{\varphi(119)} \equiv 1 \mod 119$ は成り立っている．

それでは，$m = 5 \cdot 7 = 35$ のケースに戻って，フェルマーの小定理でいくつか調べたタイプの例題をやってみよう．

例題 9. 4^{480001} を 35 で割った余りを求めよ．

[解] 4 は 35 と互いに素で，$\varphi(35) = 24$．480001 を 24 で割った余りを求めると，$480001 = 24 \times 10000 + 1$ だから余りは 1．よって，

$$4^{480001} = (4^{24})^{10000} \cdot 4^1$$
$$\equiv 1^{10000} \cdot 4 = 4 \mod 35$$

であり，4^{480001} を 35 で割った余りは 4．

5.2.5　ユークリッド互除法と逆元の計算

定理 6 で，任意の $a \in (Z/mZ)^*$ が逆元をもつことを証明したが，そこでは存在することを示しただけで，その逆元をどのように求めるかについては，何もいっていなかった．

a. オイラーの定理を使った逆元の計算

オイラーの定理は，逆元を具体的に求める方法も与えている．

5.2 逆元の存在とオイラーの定理

例題 10. $m = 77 = 7 \times 11$ とするとき, Z/mZ における $a = 3$ の逆元を求めよ.

[解] オイラーの定理により
$$a^{\varphi(m)} = a \cdot a^{\varphi(m)-1} \equiv 1 \mod m$$
であり, この式は $a^{\varphi(m)-1}$ が a の逆元であることを示している. 例 8 により
$$\varphi(77) = 77 - 7 - 11 + 1 = 60$$
だから, a^{59} を求めればよい.

まず, 4 章の例題 7 の考え方を用いて, $3^2, 3^4, 3^8, 3^{16}, 3^{32}$ を mod 77 で計算しておくと,

$$
\begin{aligned}
3^2 &= 3 \cdot 3 &&= 9 \\
3^4 &= 3^2 \cdot 3^2 &&\equiv 9 \cdot 9 = & 81 &\equiv & 4 \mod 77 \\
3^8 &= 3^4 \cdot 3^4 &&\equiv 4 \cdot 4 = & 16 & & \mod 77 \\
3^{16} &= 3^8 \cdot 3^8 &&\equiv 16 \cdot 16 = & 256 &\equiv & 25 \mod 77 \\
3^{32} &= 3^{16} \cdot 3^{16} &&\equiv 25 \cdot 25 = & 625 &\equiv & 9 \mod 77
\end{aligned}
$$

また, $59 = 32 + 16 + 8 + 2 + 1$ と書けるので
$$3^{59} = 3^{32} \cdot 3^{16} \cdot 3^8 \cdot 3^2 \cdot 3$$
$$\equiv 9 \cdot 25 \cdot 16 \cdot 9 \cdot 3$$
$$\equiv 26 \mod 77$$

よって, $Z/77Z$ における 3 の逆元は 26 である (確かに, $3 \cdot 26 \equiv 1 \mod 77$ となっている).

b. 問題の縮小——ユークリッドの互除法

しかし, 逆元を求めるためには, もっと簡単な方法がある.

まず, 準備として 2 つの正整数の公約数を求める**ユークリッドの互除法**の説明から始めよう.

ユークリッドの互除法の発想はきわめて単純で, また広く通用するアイデアである. それは, 次の 2 つの観察からなっている.

- たいていの問題は，大きな数についてよりも小さな数についての方が簡単である．
- b を a で割った余りと商を q, r とするとき，a と b の公約数は a と r の公約数と一致する．

最初の観察は，たとえば 2003 と 660 の公約数を求める問題よりも，23 と 16 の公約数を求める問題の方が簡単だということをいっているわけで，まったくその通りだ．

もうひとつの観察は，商と余りの関係式 $b = aq + r$ を考えれば，
- a と r を割り切る数は等式 $b = aq + r$ の右辺を割り切るので左辺 b を割り切り，
- a と b を割り切る数は等式 $r = b - aq$ の右辺を割り切るので左辺 r を割り切る

ことから，すぐわかる．

この 2 つの観察により，

a と b の公約数を求める問題を解くためには

$b = aq + r, \quad 0 \leq r < a$ を満たす r を求め

a と r の公約数を求める（より簡単な）問題を解けばよい

という "問題のサイズの縮小" を繰り返し行えばよいことがわかる．このような "問題のサイズの縮小" をユークリッドの互除法という．

例題 11. 2003 と 660 の最大公約数を求めよ．

[解]

1) 2003 と 660 の公約数を求める問題を解くためには
$2003 = 660 \times 3 + 23$ だから
660 と 23 の公約数を求めればよい．

2) 660 と 23 の公約数を求める問題を解くためには
$660 = 23 \times 28 + 16$ だから
23 と 16 の公約数を求めればよい．
(23 と 16 が互いに素であることは一目でわかるが，あえて続ける)

3) 23 と 16 の公約数を求める問題を解くためには
$23 = 16 \times 1 + 7$ だから
16 と 7 の公約数を求めればよい.

4) 16 と 7 の公約数を求める問題を解くためには
$16 = 7 \times 2 + 2$ だから
7 と 2 の公約数を求めればよい.(もういいでしょう.7 と 2 は互いに素です.)

よって,2003 と 660 は互いに素であり,最大公約数は 1 である. □

コメント
"7 と 2 の公約数を求めればよい" で止めないとどうなる?

5) 7 と 2 の公約数を求める問題を解くためには
$7 = 2 \times 3 + 1$ だから
2 と 1 の公約数を求めればよい.

6) 2 と 1 の公約数を求める問題を解くためには
$2 = 1 \times 2 + 0$ だから
1 と 0 の公約数を ····?

そうではない.1 は 2 を割り切るのだから,2 と 1 の公約数は 1 である.つまり,余りが 0 となる直前で停止すればよいわけだ.普通はこのような "停止条件" を込みにして "アルゴリズム" というのだが,いまはプログラムを組んでいるわけではないので好きなところで適当に打ち切ればよい.

c. 1 次方程式の解

それでは,今度はユークリッドの互除法を使って逆元を求めてみよう.

a が m と互いに素であるならば,Z/mZ において a の逆元が存在すること,つまり

$$ax \equiv 1 \mod m$$

を満たす整数 x が存在することは,定理 6 によって保証されている.この関係式は,ax を $ax = mk+1$ と表せることをいっているので,$y = -k$, $b = m$ と書くことにすると,

$$ax + by = 1$$

を満たす整数 x, y が存在することを主張していることになる．また，この1次方程式の整数解 x, y が求められれば，x が a の $b = m$ を法としての逆元となっていることがわかる．

そこで，逆元を求めるためには，

互いに素な正整数 a, b が与えられたとして，方程式

$$ax + by = 1$$

の整数解を求める

という問題を解くことになる．

この問題にもユークリッドの互除法が通用する．すなわち，

a, b, r が $b = aq + r$ を満たすとき
$rx + ay = 1$ の整数解 x_1, y_1 を求める問題を解けば
$1 = rx_1 + ay_1 = (b - aq)x_1 + ay_1 = a(-qx_1 + y_1) + bx_1$
だから
$x_0 = -qx_1 + y_1, y_0 = x_1$ が $ax + by = 1$ の整数解 x_0, y_0 を与える．

これは，このような一般論で示すよりも具体例でどんどん代入計算をしていく方がわかりやすそうだ．例題として法を 2003 としての 660 の逆元を求めてみよう．

例題 12. 法を 2003 としての 660 の逆元を求めよ．

[解]　方程式 $2003x + 660y = 1$ の整数解を求める．

$$2003 = 660 \cdot 3 + 23$$
$$660 = 23 \cdot 28 + 16$$
$$23 = 16 \cdot 1 + 7$$
$$16 = 7 \cdot 2 + 2$$

であるので，まず，2と7についての方程式

$$2x + 7y = 1$$

の整数解を探すと，これはすぐわかり $x = -3, y = 1$ （というよりも，整数解がすぐわかるところまで，"縮小"を続けておいたのだ）．よって

$1 = 2 \cdot (-3) + 7 \cdot 1$ ・・・・・・ $2x + 7y = 1$ の整数解

$= (16 - 7 \cdot 2) \cdot (-3) + 7 \cdot 1 = 7 \cdot (-2 \cdot (-3) + 1) + 16 \cdot (-3)$

$= 7 \cdot 7 + 16 \cdot (-3)$ ・・・・・・ $7x + 16y = 1$ の整数解

$= (23 - 16 \cdot 1) \cdot 7 + 16 \cdot (-3) = 16 \cdot (-1 \cdot 7 - 3) + 23 \cdot 7$

$= 16 \cdot (-10) + 23 \cdot 7$ ・・・・・・ $16x + 23y = 1$ の整数解

$= (660 - 23 \cdot 28) \cdot (-10) + 23 \cdot 7 = 23 \cdot (-28 \cdot (-10) + 7) + 660 \cdot (-10)$

$= 23 \cdot 287 + 660 \cdot (-10)$ ・・・・・・ $23x + 660y = 1$ の整数解

$= (2003 - 660 \cdot 3) \cdot 287 + 660 \cdot (-10) = 660 \cdot (-3 \cdot 287 - 10) + 2003 \cdot 287$

$= 660 \cdot (-871) + 2003 \cdot 287$ ・・・・・・ $660x + 2003y = 1$ の整数解

であり，$x = -871, y = 287$ は方程式 $660x + 2003y = 1$ の整数解になる．法を2003としての660の逆元は

$$-871 \equiv -871 + 2003 = 1132 \mod 2003$$

さて，少し脱線をしてしまったが，本題のオイラーの定理に戻ると，いままで紹介してきた他にもオイラーの定理を使って解決できる問題はいろいろある．また，オイラーの φ 関数だけに限っても，素因数分解が与えられたときのオイラーの φ 関数の値，"オイラーの φ 関数が数論的関数であること"など，やり残しはいくらでもある．しかし，それは本格的な本に譲って話を切り上げ，公開鍵暗号系への応用に，話を進めることにしよう．

6

暗 号 系

　この章では，合同式や剰余系といった「整数の数学」を，公開鍵暗号の理論に応用する．

　さて，暗号という言葉から連想するのは「ひ・み・つ」である．それなのに「公開」とは?!　まずは，いったん数学から離れて，暗号についての「お話」から始めることにしよう．(とはいっても，公開鍵暗号に話をもっていくための「お話」だから，暗号の専門家から見ると「いい加減なことをいって」と怒られるかもしれない．)

6.1　暗号方式と鍵

6.1.1　暗号とは

　さて「暗号とは何か」であるが，下の1)，2)，3) はいずれも暗号とはいいたくないのだ．

1) $(Z/12Z)^* = \{1, 5, 7, 11\}$
2) `$\zf{12}=\{1,5,7,11\}$`
3) うろつは「ぬふ」ほろ「ぬねえねやねぬぬろ」う

　2) は LaTeX というソフトで 1) の出力を得るためにキーボードから打ち込む文字列である．3) はキーボードを間違えて「ひらがな」にしたまま 2) を打ち込んだもの．

　数学が嫌いな人なら，「1) だって全然わからないから，私にとっては暗号さ!」というかもしれないし，そういいたくなる気持ちもわかるのだが，暗号という

のは「本来は簡単なものを他人にはわからないように細工したもの」と捉えたいので,「本来は簡単」なものが裏にないことには「暗号」といいたくない.

2) は 1) をわかりづらくしたものにはなっているのだが,これも LaTeX を知っている人なら,大方の意味はわかるので暗号といいたくない.

3) になると,だいぶ暗号めいてくる.しかし,このように変換が装置によって固定されているものは,ここでは暗号とは呼びたくない.その理由は,キーボードという装置がそこら中にある単純な装置だからではなく,ここでは暗号というものの必須条件として,

「鍵」というものがあって,それによって装置がどのような変換
（暗号化）をするかが変わる

ということを要求したいのだ.

したがって,次のような「お話」の装置は暗号を発生させる装置とはいわないことにする.

　昔々あるところにドイツという国があってイギリスという国と戦争をしていました.ドイツはエニグマ暗号器という機械を持っていました.この器械にはキーボードがあって,そこから文字を打ち込んでいくと打ち込まれた文字列を,とんでもなく複雑な仕掛けで別の文字列に変えてしまうのです.そして,そのわけのわからない文字列を,解読モードにしたエニグマ暗号器を打ち込むと,もとの文字列が復活するのです.ドイツはこのエニグマ暗号器を使って無線通信をしていたのですが,イギリスはそれを傍受してもどうしても解読できませんでした.困ってしまったイギリスはある日,ドイツのUボートという船を一隻捕まえて,それに積んであったエニグマ暗号器を奪ってしまいました.それからは,ドイツの通信は全部わかるようになりました.めでたしめでたし.

エニグマ暗号器が暗号器であるためには,「それからは,ドイツの通信は全部わかるようになりました.」の前に,次のような文を付け加えたい.

Uボートの艦長は出航の前に潜水艦隊司令部から厳重に封印された"数字の書かれた紙切れ"を受け取っていました．エニグマ暗号器を使う前には，紙切れに書かれた日付の指定された数値を使ってエニグマ暗号器を設定してやって，それから使い始めるのでした．

　さて，ドイツの司令部は U ボートが捕らえられたかもしれないと気がついたのですが，「まさかエニグマ暗号器を破壊せずに奪われるような間抜けな艦長はいないさ」と安心していました．いや，それよりも，「仮に無傷で奪われたとしても，その装置がどのような動作をするかは"紙切れに書かれた数値"によって変わるのだから，これからの日付で使う"紙切れに書かれた数値"を知らないことには，どうにもならないさ．しかも，重要な通信用には艦ごとに違う紙切れを渡してあるし」と考えて安心していたのです．

　ところが，イギリスはドイツが考えていた以上にずっと頭がよかったのです．イギリスはエニグマ暗号器の特徴をよく調べて，大変な努力の末に，"紙切れに書かれた数値"を知らなくても暗号化された文字列がたくさん手に入れば，それを元に戻せるやり方を見つけてしまいました．

　これは「お話」だから事実と違うとか，うるさいことをいってはいけない．要点は，ある数値を設定することにより装置の動作が変わるという点である．この数値を**暗号化鍵**といい，この装置に入力する文を**平文**（"へいぶん"ではなく，"ひらぶん"と読むらしい），装置から出力されるわけのわからない文を**暗号文**ということにする．装置そのものを手に入れても，その装置が平文を暗号化する動作は暗号化鍵ごとに変わるので，暗号化鍵を知らないことには，暗号文を傍受しても平文が知られることはないというわけである．

6.1.2　最も簡単な暗号

それでは，地道な話に戻ろう．まず，最も簡単な暗号から始めよう．

6.1 暗号方式と鍵

例 35. "BACH" を暗号化すると "DCEJ".
"CATS" を暗号化すると "ECVU".

これらは，"アルファベットを j 文字先にずらす" という仕掛けの暗号化装置を，暗号化鍵 $j=2$ で設定した暗号文である．

暗号化鍵を $j=1$ とすれば，次のようになる．

例 36. "BACH" を暗号化すると "CBDI".
"CATS" を暗号化すると "DBUT".

さて，これらの例ではアルファベットの最後のあたりの文字を避けているが，たとえば $j=2$ の場合，Y とか Z はどうすればよいのだろうか．簡単なことで，一周させて，Y は A に，Z は B にとすればよい．こうなると，合同式を使いたくなる．

まず，アルファベット 26 文字に 0 から 25 までの数値を対応させる．

A	B	C	D	E	F	G	H	I	J	K	L	M
0	1	2	3	4	5	6	7	8	9	10	11	12

N	O	P	Q	R	S	T	U	V	W	X	Y	Z
13	14	15	16	17	18	19	20	21	22	23	24	25

この対応は固定された変換だから暗号ではない．この対応によって，アルファベットと 0 から 25 までの数値を同一視してしまおう．そうすると，上の例の暗号化装置は

$$x \in Z/26Z \quad \text{に対して} \quad x+j \in Z/26Z$$

を対応させていることになり，$f_j(x) = x+j$ と定めると f_j は写像

$$f_j : Z/26Z \longrightarrow Z/26Z$$

となる．

次は，暗号文を平文に戻すプロセス，これを**復号化**という，を考えよう．上の例では，復号化は暗号化と同じ装置を使って行うことができる．ただし，鍵

として $-j$ を使う．復号化のときに使う装置を復号化装置，そこで使う鍵を復号化鍵と呼ぶことにすると，この例では暗号化装置と復号化装置は同じで，

$$復号化鍵 = 暗号化鍵 \times (-1)$$

である．

"復号化" は復号化鍵を知っていて暗号文から平文を得る作業である．それに対して，復号化鍵を知らずに暗号文から平文を得ることを，暗号解読という．ただし，実際の暗号解読では "装置" も手に入らずにチャレンジする場合もあり，その場合はもっと大変である．

6.1.3 少し複雑な暗号

アルファベットをずらす，というだけでは何とも心許ない．暗号化鍵を秘密にしたところで，暗号化鍵として実質的には 1 から 25 までの 25 通りしかないので（たとえば $j = 27$ は $j = 1$ と同じ写像になる），高々 25 通りの可能性を試すだけで暗号解読ができてしまう．そこで f_j などよりももっと複雑な写像を使うことになるのだが，実はどのように複雑な写像を使ったところで，アルファベットを 1 文字ずつ，しかも同じ写像で暗号化したのでは，頻度分析という手法で解読されてしまう．

そこで，文字ごとに写像を変えて行くとか，いくつかの文字をひとかたまりにして，それを変換するなどの手段をとることになる．

たとえば，アルファベット 2 文字だと，

$$最初の文字が 26 通り，2 番目の文字が 26 通り$$

の可能性があるので，全部で 676 通りの場合がある．何らかの規則でアルファベット 2 文字の列に対して，0 から 675 までの数値を対応させておけば，平文を数値の列と見なすことができるようになる．

また，スペースやその他の記号（?, !, ; など）も含めて，また，大文字と小文字も区別して，たとえば 128 個の文字セットを考えて，それら 2 文字で $128 \times 128 = 16384$ 個の数 $0, 1, 2, \cdots, 16383$ としてもよい．とにかく，まず平文を数値の列と同一視できるようにしておく．

たとえば，"A cat runs after a dog." という文なら，

"A "，"ca"，"t "，"ru"，"ns"，" a"，"ft"，"er"，" a"，"do"，"g."

と切り分けて，それらに 11 個の数値の列を対応させることになる．なお，繰り返しになるが，この対応自身は，それがどのような対応として定められているにせよ，固定された対応なので暗号とはいわない．

さて，今度は，0 から 16383 と大きな集合となっているので，$f_j(x) = x + j$ といった単純な変換でも暗号化鍵 j の可能性は大分増えていて，暗号らしいものになってきている．少なくとも小学生に解読できるようなものではなくなっている．

さらに，写像（暗号化装置にあたる）を複雑なものに工夫し（たとえば，$a \in (Z/16384Z)^*$ と $b \in Z/16384Z$ を暗号化鍵として $f(x) = ax + b$ と定めるとか），また，文字も 2 文字ではなく 10 文字にするとか，その他さまざまな改良をすることができそうである．こうして，次第に高級な暗号の理論が発展してきたわけだ．しかし，この発展を追うことは，この本のテーマではない．

個々の暗号についての知識は必要ではなく，これからの話で必要になることをまとめると，以下のようになる．

- 平文は 0 から $m-1$ までの数の列と考えてよい．
- 暗号化鍵を与えると，Z/mZ から Z/mZ への写像が決まる．この写像を平文を暗号文に変える写像とみて暗号化写像という．
- 復号化鍵を与えると，Z/mZ から Z/mZ への写像が決まる．この写像を暗号文を平文に変える写像とみて復号化写像という．
- 平文から暗号化写像で作った暗号文は，復号化写像により元の平文に戻る．

ここでの，m をいくつにするか，暗号化鍵からどのような暗号化写像が決まるか，復号化鍵からどのような復号化写像が決まるか等の一連の方式を**暗号方式**という．

6.1.4 ネットワークでの暗号系

a. 従来方式の暗号

第二次世界大戦当時には，すでに解読がかなり難しい高級な暗号方式が使わ

れていた．そして，それが解読されてしまったときの損失の経験，また，解読に成功したときの利益の経験は，暗号の安全性を確保することの重要性を，いっそう強く認識させ，暗号理論のさらなる進歩を促した．

さて，暗号の安全性を確保するためには，暗号方式と鍵の両方を秘密に保つことが望ましい．しかし，暗号方式は，たとえばエニグマ暗号器のような器械で実現されているので，使われている器械がひとつも敵の手に渡らないように保持しようとしても難しい．そこで，暗号方式の安全性は，たとえその方式が敵に知られてしまった場合でも，鍵を知らない限り暗号解読が困難であると保証するものでなければならない．極論すれば，暗号方式は公開してしまっても，安全が保証されるようなものでなければならない（だから"公開"鍵暗号方式というわけではないので，早とちりしないように）．

そして，この意味でも解読が難しいと考えられる暗号方式がいろいろ考え出された．それでも，当然なことではあるが，鍵は秘密にしておかなければならない．

ここで，従来使われてきた暗号方式に共通したひとつの特徴が問題になる．それは，従来の暗号方式では，暗号化鍵と復号化鍵は，一方が知られればもう一方も容易に求められてしまうという意味で，実質的には同じものと見なされる，という点である．つまり，暗号化鍵と復号化鍵は（実質的に同じだから）両方が秘密に保たれなければならない．

このようなことを，もし第二次世界大戦当時の暗号の専門家にいったなら，あきれた顔をするだけだろう．「当たり前ではないか．それで困ったことでもあるのか？」

確かにその通りである．ただし，暗号が従来の用途で使われるならばだが．

b. コンピュータネットワーク時代の暗号

コンピュータネットワーク上でも暗号は必要になる．特にインターネットでは，潜水艦との無線通信がいくらでも傍受できたのと同様，物理的な傍受は簡単にできる．そこで暗号通信をしたくなるのだが，コンピュータネットワークで暗号を必要とする状況には，潜水艦と潜水艦司令部との関係とは決定的に違う点がある．それは，暗号通信を行う両者が鍵を手渡しする機会をもたないという点である．

たとえば，日本にいるトヨタさんが，インターネットでいろいろとやりとりをしているうちに，話の流れでフィンランドにいるミカさんのメールアドレスを教えられ，彼に極秘のメールを送る必要が生じたとしよう．トヨタさんは暗号化してメールを送りたいのだが，ここで困ってしまう．トヨタさんとミカさんは鍵を交換していないのだ．

これが「暗号化鍵と復号化鍵が実質的に同じだと困ること」である．

c. 公開鍵暗号系

もし，「暗号化鍵と復号化鍵が異なり，一方を知っても，もう一方を知ることが困難であるような暗号方式」があったとしよう．その場合，以下のようにすることにより先ほどのような状況でも，暗号通信が可能になる．

1) それぞれの人は，この暗号方式での自分用の暗号化鍵と復号化鍵を作り，復号化鍵は秘密にしてしまっておくが，暗号化鍵はメールアドレスと同じように"公開"してしまう．
2) トヨタさんはミカさんの暗号化鍵を照会して，その暗号化鍵を用いて，ミカさんあてのメールを暗号化し送信する．
3) ミカさんは暗号化された意味不明のメールを，自分用の秘密の復号化鍵で平文に戻し，読む．
4) 返事を書いたミカさんは，トヨタさんの暗号化鍵を照会して，その暗号化鍵を用いて，メールを暗号化し送信する．
5) トヨタさんは暗号化された意味不明のメールを，自分用の秘密の復号化鍵で平文に戻し，読む．

なかなかうまい話だ．ミカさん宛にメールを暗号化して送信することは誰でもできるが，それを読むことができるのは復号化鍵をもっているミカさんだけだ（送った本人以外には）．

このような暗号方式では，暗号化鍵を"公開"してしまうので，**公開鍵暗号方式**という（復号化鍵は秘密のままだから，"半分だけ公開"暗号方式?）．

6.1.5 公開鍵暗号方式

a. 実現可能か?

しかし，暗号化鍵と復号化鍵が本質的に違い暗号化鍵を公開できるような暗

号方式を作ることは可能だろうか？

第一感は「そんなこと無理でしょう！」だ．なぜならば，

- 暗号方式だけでなく暗号化鍵まで公開してしまうということは，暗号化を行う写像 f が完全に知られてしまうということを意味する．
- それならば，傍受した暗号文 C に対して，方程式 $f(X) = C$ の解を求めれば，その解として平文 P がわかってしまう．
- ただし，方程式 $f(X) = C$ を解くことが，現実的には不可能なほど難しくなるように，暗号方式を設計することは可能であろう．
- しかし，暗号文の正当な受信者の行う作業，復号化でも方程式 $f(X) = C$ の解，すなわち平文 P を求めているわけである．これでは，復号化の作業も現実的には不可能ということになる．

となってしまうからである．

しかし，この「無理でしょう！」の最後の項目をもうちょっと突き詰めて考えると「可能なのでは？」という気分に変わってくる．

- 正当な受信者は復号化鍵という名の，秘密の数値をもっている．これが方程式 $f(X) = P$ を解く"ヒント"になっているように暗号方式を設計すればよいのでは？

実現できる可能性はあるのだ．ただし，可能性があるというだけで，本当にできるかどうかは別問題だ．普通の暗号でさえ解読と改良のイタチゴッコなのに，実現できるかどうかさえ危ないものを作ってみたところで，満足のいくものが作れるだろうか？というわけで，ネットワーク上の暗号通信の必要性が増すに従い公開鍵暗号の必要性が明白になるまでは，公開鍵暗号系を作るということは，検討の課題にすらならなかったのだろう．

b. 公開鍵暗号方式の仕様

それでは「公開鍵暗号方式」は，どのようなものとして設計すべきか，それを使うときの流れと仕様をまとめてみよう．

> **鍵の作成** その暗号の使用者 M は，それぞれ公開鍵，秘密鍵と呼ばれる 2 つの鍵を，その暗号方式で要求される条件を満たすように作り，公開鍵 E_M は公開し，秘密鍵 D_M は秘密に保管しておく．

安全性の要請 1. E_M と D_M は "暗号方式で要求される条件" を満たしているのだが,「そのために E_M から D_M が計算されてしまう」ということがあってはならない.

暗号化 M に暗号化されたメールを送りたくなった T は,M の公開鍵 E_M を参照し,暗号方式で指定された方法により,E_M を用いて写像 f を作る.そして,送信したい平文 P をその写像 f で暗号文 $C = f(P)$ に変換し,送信する.

安全性の要請 2. 暗号文 C を傍受した者は,方程式 $f(X) = C$ を解くことにより暗号を解読しようとするが,この方程式は大変難しくて解けない.

復号化 受信者 M は,"ヒント" 秘密鍵 D_M の助けを借りて,この方程式を簡単に解くことができ,平文 P を読むことができる.

つまり,方程式を作るための鍵 E_M とその "ヒント" D_M を系統的に作る方法が公開鍵暗号方式を実現する核となる.

それでは,一般論はこのくらいにして,公開鍵暗号方式の代表的例として RSA 公開鍵暗号方式の説明をすることにしよう.

6.2　RSA 暗号方式

公開鍵暗号方式の最初の候補はヘルマン (Martin E. Hellman) によって提唱された.しかし,しばらくして,これには簡単な解読法があることが指摘され,失敗作ということになってしまう.しかし,解読法があるといっても,それは公開鍵ということの要請自身が無理ということを暗示するものではなく,むしろ,「たまたま欠点があるせいで解読されてしまった」という印象を与えるものだった.

こうなると,研究者の心証は「公開鍵暗号方式は可能である」という判断に大きく傾き,そうなると公開鍵暗号方式を作るトリックとして最も有望そうなものを思いつくのは,それほど困難なことではなかったのだろう.この最も有望そうなトリックがオイラーの定理であり,それを根拠にした公開鍵暗号方式

がリベスト (Rivest), シャーミル (Shamir), アドルマン (Adleman) によって 1977 年に提唱された RSA 暗号である.

6.2.1 RSA 暗号方式の概略

それでは, RSA 暗号を前節の流れに沿って追ってみよう.

鍵の作成 この暗号の使用者 M は, まず
1) 2 つの大きな素数 p, q を選び,
2) その積 $n = pq$ を計算しておく. また,
3) n のオイラー関数の値 $\varphi(n)$ を計算しておく.
4) $\varphi(n)$ を法としての合同式

$$ed \equiv 1 \bmod \varphi(n)$$

を満たすような 2 つの整数 e, d を選ぶ.

M は, n と e の両方を公開鍵 E_M として, d を秘密鍵 D_M として設定する. 公開鍵 E_M は公開し, 秘密鍵 D_M は秘密に保管しておく.

暗号化 M に暗号化されたメールを送りたくなった T は, M の公開鍵 n と e を参照し, 写像 $f: Z/nZ \longrightarrow Z/nZ$ を, $P \in Z/nZ$ に対して,

$$f(P) = P^e$$

として定め, この写像で平文 P を暗号文 $C = f(P)$ に変換し送信する.

復号化 受信者 M は, 暗号文 C に対して秘密鍵 d を用いて $C^d \in Z/nZ$ を計算することで, 平文 P を復元することができる.

これが RSA 暗号方式の概略である. しかし, まだ説明の足りない部分はいろいろある. 特に "復号化の部分で指定された計算が, なぜもとの平文 P を与えるのか" ということがわからないことには, まったく面白くない. また, 鍵の作成の部分も, あっさりと「…を選ぶ」といっているが,「どのようにして選ぶのか」を説明すべきである.

これらの点については, 以下で説明することにして, ここでは, まず,「安全

性の要請」が RSA 暗号ではどのようになるかを見ておこう.

> **安全性の要請 1.** n と e が与えられているからといって,それだけの情報で
> $$ed \equiv 1 \bmod \varphi(n)$$
> を満たすような d が求められてしまってはいけない.
>
> **安全性の要請 2.** n と e と C がわかっているからといって,それから決まる方程式
> $$X^e \equiv C \bmod n$$
> が (d を知らなくても) 解けてしまうようではいけない.

この問題の検討は 6.3 節で行うことにしよう.

6.2.2 復号化:オイラーの定理

それでは,まず,Z/nZ において,$C = P^e$ に対して C^d を計算すると元の平文 P が得られることを示そう.

$C^d \equiv P \bmod n$ の証明 $ed \equiv 1 \bmod \varphi(n)$ だから正整数 $ed - 1$ は $\varphi(n)$ で割り切れる.したがって,その商 K も正整数であり,ed は K を用いて,

$$ed = \varphi(n) \cdot K + 1$$

と表される.ここで,$C \equiv P^e \bmod n$ だから

$$\begin{aligned}
C^d &\equiv (P^e)^d = P^{ed} = P^{\varphi(n) \cdot K + 1} = (P^{\varphi(n)})^K \cdot P^1 \\
&\equiv 1^K \cdot P \bmod n \qquad \text{オイラーの定理} \\
&= P
\end{aligned}$$

となるので,元の平文 P が得られることがわかる.

コメント

この "証明" にクレームを付けたくなったなら,かなり鋭い.確かに,オ

イラーの定理を使うためには "P は n と互いに素" でなければならないのだ．しかし，これはたいした問題にはならない．n は 2 つの素数 p, q の積であったことを思い出してほしい．この場合，$0, 1, 2, \cdots, n-1$ のうちで n と互いに素でないものは $0, p, q$ の 3 つしかないのだ．0 は始めから平文として認めないことにしておけばよい（ついでにいえば，1 も暗号化しても変わらないのだから拙い）．p, q の 2 つについては，送信者はそれを知らないのだから，自分の送ろうとしている平文が p, q のどちらかに偶然一致してしまっていないか確かめようがない．しかし，それも心配することはない．p, q は "大きな" 素数としたので，確率 $2/n$ は無視できるほど小さいのだ．

実際に使われる RSA 暗号では鍵を作るための素数 p, q は 100 桁以上の大きな素数が選ばれる．しかし，それほど大きい数では例をあげても実感が得られないので，ここでは p, q は "小さな" 素数として，数値例を見ておこう．

例 37. 鍵の作成　M は，
1) $p = 31, q = 43$ と選ぶと
2) $n = 1333$ であり，
3) n のオイラー関数の値は

$$\varphi(n) = pq - (p+q) + 1 = 1260$$

となる（5 章の例 33 を参照）．
4) $\varphi(n)$ を法としての合同式

$$ed \equiv 1 \mod \varphi(n)$$

を満たすような 2 つの整数 e, d として，$e = 59, d = 299$ を選ぶ．

M の，公開鍵 E_M は $n = 1333$ と $e = 59$，秘密鍵 D_M は $d = 299$ である．

暗号化　暗号化写像 $f : Z/nZ \longrightarrow Z/nZ$ を使って，たとえば $P = 666$

を暗号化するならば

$$C = f(P) = P^e = 666^{59}$$
$$\equiv 618 \bmod 1333$$

となる．この暗号文 $C = 618$ を M に送信する．

復号化 受信者 M は，暗号文 C に対して，C^d を計算すると

$$C^d = 618^{299} \equiv 666 \bmod 1333$$

となり，確かに平文 P を復元することができる．

コメント

$ed = 59 \times 299 = 17641 = 1260 \times 14 + 1$ であることは電卓があれば確かめられる．「どうやって選べばよいか」が問題になるが，これは，まず $\varphi(n)$ と互いに素な整数 d が見つかるまで d をいくつもランダムに選び，互いに素な d が見つかったらその逆元を 1 次方程式を解くことによって求める，というプロセスで行う．互いに素であるか調べる方法と，逆元を求める方法については 5.2 節を参照．

一方，666^{59}, 618^{299} の値は電卓では計算できない．しかし，n を法としての値なら電卓でも計算できる．これらを効率よく計算するやり方については，4 章の例題 7 を参照．

6.3 計算量と安全性の検討

次に暗号解読に絡んで，「現実的に計算可能」という問題を調べる．RSA 暗号の安全性は「因数分解の困難さ」に根拠を置いている．しかし，「因数分解なんてものは計算機実習とかいう科目では，ちょっとした演習問題にすぎなかったのでは？」という疑問がわくのではないだろうか．実際には，計算機実習で考えたような力まかせの計算法では，大きな数の因数分解はあまりにも必要とする計算の量が多いため，現在最高速のコンピュータを使っても計算をやりとげるのは難しいのだ．しかし，また，そのように言うと「コンピュータの能力は毎

年驚くほどよくなっていっているのだから，現在は不可能でも，そのうち，なんなく処理できるようになるのでは？」という反論が出て来るだろう．結論を言うと，「いかにコンピュータの能力の改良が目覚ましかろうと，その程度のものではどうしようもないくらい，必要な計算量は多い」ということなのだが，これを納得するためには，まず，「大きな数」についての感覚を身に着けておかなければならない．この節では，まず，「大きな数」についての雑談から話を始めよう．

6.3.1 大きな数の表現

大きな数を印象的に示すのは難しい．どんな大きな数より"無限"の方がさらに大きいのだが，どういうわけか「無限に地獄の業火に焼かれるだろう」と言われるよりも，やたら長い期間を指定された地獄落ちの方が恐ろしい気がする．インド人は昔から大きな数マニアであったらしく，大きな数を印象的に語る豊富なテクニックを編み出してきた．よく使われるテクニックは

> いやになるほど長い日数を1日としたときの，いやになるほど長い日数．さらに，それを1日としたときのいやになるほど長い日数．さらに，それを1日としたときのいやになるほど長い日数．さらに，それを……

という繰り返しである．この表現の迫力は最初の「いやになるほど長い」をいかにうまく表現するかで決まるようだ．しかし，数学的には，その部分よりも，何回繰り返すかの方が大きさへの貢献は大きいのだが．

繰り返しの回数が多ければ「いやになるほど長い日数」は「たったの2日」でもよい．

> 2日を1日としたときの2日間．さらに，それを1日としたときの2日間．さらに，それを1日としたときの2日間．さらに，それを……（と，ページがもったいないから止めるが「さらに，それを……」を全部で62回繰り返してあると思ってほしい）

これは非文学的な表現であり，この日数を恐ろしいほど長いと感じてくれる読

者はまずいない（恐ろしいほど長い表現だと感じるだろうが）．この日数を指数を使って書くと，もっと迫力がなくなる．2日を1日としたときの2日間，すなわち 2^2 日に2を62回かけるのだから，

$$2^{64} 日$$

となる．これでは長いのか短いのかわからない（だいたい1800万の1兆倍の日数になる）．だいたい，このような表現をしたのでは，読者は「何回繰り返したか」には関心をもたず，64回ではなく32回にしたところで気がつかない．しかし，この場合はおよそ43億日であり，ほんの1000万年にちょっとにすぎない．

さて，大きな数であることを印象づける目的なら文学的表現能力で勝負が決まるのだが，ここで必要としているのは「大きさの程度の理解」である．典型的状況は「1秒間にやたらたくさんの回数の計算をこなすスーパーコンピュータで，やたらたくさんの計算をさせるとどのくらい時間がかかる？」という質問に答えることである．両方の「やたらたくさん」がどのくらい「やたらたくさん」なのか冷静に評価しないことには，一瞬で答えが出るのか宇宙の終わりまでかかるのか，どちらか判断のしようがない．ようするに大きさの程度を 10^{489} といった表現から把握する能力が必要になるのだ．

6.3.2　10^n の例

例 38. 1年間は

$$60 \times 60 \times 24 \times 365 = 31536000 \sim 3 \times 10^7 秒$$

である．

ここでは "近似" の記号として $\sim$ を使っている．ここでの "近似" は普通の近似よりさらに「だいたん」なので，馴染みのない記号にしておいた．

$3.1415\cdots$ を3と近似することには賛否が分かれるだろうが，大きさの程度を把握するという目的ではこれでよい．

例 39. 宇宙の年齢（何のことだろう？）は，数百億年らしい．めんどうなので

200 億年としよう.これを秒に直すと

$$200 \text{億年} = 2 \times 10^{10} \text{年} \sim 2 \times 10^{10} \times 3 \times 10^7 \text{秒} = 6 \times 10^{17} \text{秒}$$

というわけで 10^{18} 秒は "とても長い時間" と考えることにしよう.たとえば,ある計算を実行するのに 10^{18} 秒かかるならば,その計算は "現実的には実行不可能" といってもよいだろう.

例 40. 原子の直径はおよそ $1/10^{10}$ (m) 程度(分数を使ってしまった!).光の速さは秒速約 3×10^8 (m) だから,原子の直径を光が通り抜ける時間は $1/(3 \times 10^{18})$ 秒.

使わないはずの分数を使ってまで言いたかったことは,

> 「現在使われている計算機の改良がいくら進んだとしても,1つの動作に最低でも原子 1 個の距離を電気が流れる時間はかかるはずだから,1秒間でできる計算の回数は,せいぜい 3×10^{18} くらいのものでしょう」

ということである.

コメント
"現在使われている計算機の改良がいくら進んだとしても" という表現は用心深い表現である.最近「量子コンピュータ」という,現在のコンピュータとはまったく違う原理に基づく変なコンピュータの可能性が話題になっているが,こういうものは考えないということ.

例 41. "とても長い時間" 10^{18} 秒間の間,1秒間に 3×10^{18} 回の計算ができるコンピュータを動かし続けたときの計算回数は,

$$3 \times 10^{18} \times 10^{18} = 3 \times 10^{36} \text{ 回}$$

まだ,並列計算の可能性を考慮していなかった.

例 42. 地球の質量は約 6×10^{24} kg. 炭素原子 1 個の質量は 2×10^{-26} kg だから，炭素原子 1 個の質量の計算機を集めた地球の重さの並列計算機は，3×10^{50} 台の並列計算機ということになる．

これはすごい量の計算をやってのけることができそうだ．

例 43. 1 秒間に 3×10^{18} 回の計算ができるコンピュータを 3×10^{50} 台並列でつないだ（地球の重さの）計算機を 10^{18} 秒間の間という "とても長い時間" 動かしたときの計算回数は

$$3 \times 10^{36} \times 3 \times 10^{50} = 9 \times 10^{86} \sim 10^{87} \text{ 回}$$

要するに，10^{87} 回の計算は，"現実的には実行不可能" ということだ．それは，計算機の改良とか，気長に待てばよいとか，たくさん同時に動かそうとか，そのような改良では解決できない "不可能性" である．しかし，ちょっと遊びすぎたようだ．もう少し現実的な "現実的に不可能" の目安を立ててみよう．

例 44. 1 秒間に 10^{14} 回（100 兆回）の計算ができるコンピュータを 10^{14} 台（100 兆台）並列で動かして，3000 年の間，つまり，9×10^{10} 秒の間計算を続けても，全部で

$$10^{14} \times 10^{14} \times 9 \times 10^{10} = 9 \times 10^{38} \sim 10^{39} \text{回}$$

の計算しかできない．

めんどうだから 10 倍して

10^{40}回の計算は "現実的には実行不可能"

と考えることにしよう（これでさえも "現実的" というにはあまりにも非現実的な設定なのだが）．

6.3.3 現実的に不可能な計算

それでは，大きな整数に絡んだ "現実的に不可能な計算" を調べてみよう．

例 45. 100 桁の整数 n の約数を

2 で割り切れるか調べる．3 で割り切れるか調べる．4 で割り切れるか調べる．……

と単純に繰り返して見つけるのは現実的には不可能である．なぜならば，m を $n < m^2$ を満たす最初の正整数として（m は 50 桁程度の整数になる），この計算を 2 から m まで続けなければならないのだが，それには 10^{50} 回程度の計算が必要だから．

この例では，"割り算を単純に繰り返す"方法では現実的に不可能であるといっているだけである．実際，約数を見つける方法として，もっとうまいやり方が知られていて，その方法を使うと 100 桁程度の整数の約数なら，パソコンでもすぐに見つけられる．それでも，200 桁（RSA 暗号系で使う $n = pq$ の桁数）程度の整数になると，現在知られている方法ではスーパーコンピュータでも実用的な時間では計算できない（先ほどの "現実的に計算不可能" ほどきびしい基準で不可能といっているわけではないので，"実用的な時間では" と表現しておいた）．

RSA 暗号方式の安全性の根拠は，100 桁程度の 2 つの素数の積 n の約数を見つけることが実用的な時間で不可能なこと，つまり 200 桁程度の整数の因数分解が実用的な時間で不可能なことに依っている．n の約数 p, q がわからないということは，n のオイラー関数の値 $\varphi(n) = n - p - q + 1$ がわからないことを意味する．そして，$\varphi(n)$ がわからない以上，$ed \equiv 1 \bmod \varphi(n)$ を満たす d を求めたくても，この方程式の法 $\varphi(n)$ がわからず手の出しようがない．したがって，n と e を知らされても，秘密鍵 d を求めることはできない．これが，前に要請した「安全性の要請 1」である．

こうして，「安全性の要請 1」が満たされたわけだ．しかし，それは，200 桁程度の整数の因数分解が実用的な時間では不可能ならば，である．このようにして，大きな数の因数分解法という，一見遊びのようなテーマが,「実社会に密着した問題」となってきたわけだ．

「安全性の要請 2」については，まず次の例から安心できる心証が得られる．

例 46. 200 桁程度の整数 n, e, C が与えられたとき，(合同式の) 方程式

$$X^e \equiv C \bmod n$$

の解を，X に $0, 1, 2, \cdots, n-1$ まですべての整数を総当たりに代入するアプローチで求めるのは，現実的には不可能である．

　この場合も，単純な総当たりでは無理というだけで，他に何かすばらしい方法がある可能性が否定されているわけではない．ただ，実数の e 乗根を求める"数値計算"と違って，$\bmod n$ での整数のべき乗の性質を考えると，うまい方法があるとは到底思えない．RSA 暗号の安全性がもし覆されるようなことがあるとすれば，それはうまい因数分解法が発見され，「安全性の要請 1」が満たされなくなった場合であろう．

　さて，ここでの議論はあまりに単純化した話であって，RSA 暗号の安全性については，他にもいろいろ検討すべき点がある．しかし，それは他の本を読んでもらうことにして，今度は鍵の作成や暗号化，復号化が実用的な時間で本当に可能かどうかを検討することにしよう．

6.3.4　素数判定法

　鍵の作成や暗号化，復号化の際に必要になる計算がそれほどの時間がかからないということは，すでにほとんど検討済みである．ただ，この本も最後の方になってくると，そろそろ息切れ状態で読んでいるはずで，前の方の章を参照して「……に説明しているように，この計算は容易にできる」というタイプの検討は正直願い下げではないだろうか．というわけで，サボることにする（読者が疲れているという理由で著者がサボるとは何事だ!）

　とにかく細かい検討はしない．しかし，ひとつ大きな問題が残されている．それは

　　　100 桁くらいの素数 p, q を選ぶということが実用的な時間で可能か？

という問題である．すでに，大きな整数の因数分解は難しいことを見た．いったい，約数を具体的に求めることなしに与えられた整数が素数かどうか判定す

ることが可能だろうか？

　正直に言おう．実は，この本で準備した数学のレベルでは，この問題を検討することは無理なのだ．実際には，100桁くらいの素数を手に入れるためには，

- ランダムに整数を選びそれが素数かどうかを調べる
- 素数でなければ，別の整数を選ぶ

という操作を素数が手に入るまで繰り返す．

　この場合，次の2点を検討しておかなければならない．

- 与えられた整数が素数かどうかをどのようにして調べるか（素数判定法）
- いったい何回くらい繰り返せば素数が手に入るのか．つまり，100桁くらいの整数の中での素数の割合はどのくらいか（素数分布の問題）

素数分布については「リーマンの素数定理」という"高級な"定理が必要になる．

　素数判定法はいろいろあるが，たとえばフェルマーの小定理の合同式が成り立つかを調べるというのもひとつの手である．ただし，これはあまりうまくいかない．素数でもないくせに素数のような振りをしてフェルマーの小定理の合同式を成立させるやっかいな合成数もあるのだ（偽素数という）．そこで，a^{p-1} の代わりに $a^{(p-1)/2}$ の値を調べ，それと"ルジャンドル記号の値"とが等しくなるかを調べる方法がある．これは大変面白い話題なのだが，"ルジャンドル記号"というものは"ガウスの平方剰余相互法則"という整数論の定理に根拠をおいている．このあたりから，数学の専門分野としての本格的な整数論がスタートすることになる．

　というわけで，うまい具合に「専門的な数学」への入り口に話をもっていくことができた．それではページ数もちょうどよいので，「入門としての数学」はこのへんで終わりにすることにしよう．

あとがき

　概念的に危ないところは検討し，ごまかさずに述べる努力をしてきたつもりである．しかし，結果はどうだっただろうか．

　結局は程度問題で，個々の人間には個々の思考パターンがあり，著者の思考パターンと波長が合わなかった読者には，かえって数学に対する不信感を強めてしまった，というのが結果なのだろうか．

　もしくは，著者の能力の問題でピンぼけの検討ばかりしてきたのだろうか．フェアーにやると言いながら，結果はやはりアンフェアーだったのだろうか．

　もし，この本を読んで数学がいやになったり自分の知力を疑う羽目になったとしたら，まず，著者の知力の問題という可能性を検討してみるべきかもしれない——ただし，そうであっても製造物責任をとってこの本の返品に応じることはしないけれど．

　さて，それはともかく，この本の内容に関連した参考文献をいくつかあげておこう．まず，「数学での文字の使い方」ということがこの本のひとつのテーマなのだが，これについては

　　足立恒雄：『フェルマーの大定理（第3版）』，日本評論社（1996）

が面白いと思う．ここでの「フェルマーの大定理」は，数学の内容としては本書のフェルマーの小定理と直接関係はないのだが，フェルマーの時代からの文字の使用法が述べられている部分が特に興味深い．実は筆者はこの本を読んで初めて，高校レベルの数学でも当たり前のように使われている「文字の使用法」が実は結構高級なことなのだということを知ったのだ．

　それでは肝心の数学の内容としてフェルマーの小定理やオイラーの定理に続いて勉強するための本となると，あまりない．いわゆる「整数論」という表題がついた本は，だいたいにおいて現代的な意味においての「整数論」が内容で

あり，整数についての具体的問題には（少なくとも表面的には）あまりかかわらない．比較的，具体的な問題との関連が書かれている本として

　高木貞治：『初等整数論講義（第2版）』，共立出版（1971）

があるのだが，困ったことに古い本であるにもかかわらず，大変高価である．また，題名に"初等"という言葉が入っているが，これは決して読みやすいやさしい内容の本ということは意味しない．読み通すのにどのくらいの時間と労力が必要か考えると，本の価格などただに等しいようなものである．しかし，名著といわれる本はさすがに名著なりのことがあり，どれほど努力と時間をかけて読んだとしても，損をすることはない．

「問題を解く」ということが好きで整数論の勉強をしたいならば

　野口　廣監修：『数学オリンピック事典』，朝倉書店（近刊）

の「整数論」の章もよいだろう．

最後に暗号についてだが，いろいろあるが個人的な趣味としては最初に

　一松　信：『暗号の数理』，講談社ブルーバックス，講談社（1980）

を読むことを薦める．さらに本格的に勉強したいなら，

　N. コブリッツ（櫻井幸一訳）：『数論アルゴリズムと楕円暗号理論入門』，シュプリンガー・フェアラーク東京（1997）

などの本格的な本に進むとよい．この本は整数についての整数論の入門書としても使えるかもしれない．

索引

■ア行
余り 30
RSA暗号方式 118
暗号 108
暗号化 110
暗号化鍵 110
暗号文 110

1の性質 11

演算 5
　——について閉じている 77
演算表 58

オイラーの定理 97, 99
オイラーの φ 関数 98
大きな数の表現 122

■カ行
外延的定義 53
可換性 10
　乗法の—— 5
鍵 109
加法 4
　——と乗法についての恒等式 11, 19, 63
　——についての恒等式 10, 15, 62
　——の可換性 5
関数 71

逆元 63, 70, 102
共通部分 55

空集合 47

系 79
結合法則 10, 11
現実的に不可能な計算 125
減法 5, 13

公開鍵暗号方式 115
合成数 23
合同 30
恒等式 7
合同式 30
公約数 88
公理 4, 66
公理的集合論 51

■サ行
指数 39
自然数の集合 47
自明な約数 23
写像 44, 71, 72
周期性 39
集合 44, 45
　——の要素 46
　自然数の—— 47
　整数すべての—— 47
十進法 34
乗法 4
　——についての恒等式 11, 19, 62
　——の可換性 5
剰余系 59
剰余類 59

推移律 9
数学オリンピック 42

整域 25, 68, 69
整数 14
整数すべての集合 47
積 17
零（ゼロ）の性質 10
全射 73
全単射 73

素数 23
　——の性質 25, 69
素数判定法 128

■タ行
対称律 9
互いに素 89
単位元 63
単射 73

値域 73

定義 4
定義域 72
定理 79

等号 8
閉じている（演算について） 77

■ナ行
内包的定義 53

任意の〜に対して 7

■ハ行
倍数 22
背理法 24

反射律 9

平文 110

フェルマーの小定理 81
復号化 111
復号化鍵 112
不等号 9
負の数 14
部分集合 47
分配法則 5, 11

ペアノの公理 4

法 30
方程式 13
補題 79

■マ行
無限 50
無限集合 47

■ヤ行
約数 23
　自明な—— 23

ユークリッドの互除法 103
有限集合 47, 74

要素（集合の） 46

■ラ行
ラッセルのパラドックス 50

■ワ行
和集合 55
割り算 5, 20

著者略歴

戸川 美郎 (とがわ・よしお)

1953年 東京都に生まれる
1977年 早稲田大学大学院理工学研究科修士課程修了
現 在 東京理科大学理工学部情報科学科教授・理学博士

シリーズ[数学の世界]1
ゼロからわかる数学—数論とその応用—　　　定価はカバーに表示

2001年 5 月 25 日　初版第 1 刷
2022年 6 月 25 日　　　第17刷

著　者　戸　川　美　郎
発行者　朝　倉　誠　造
発行所　株式会社　朝　倉　書　店

東京都新宿区新小川町 6-29
郵便番号　162-8707
電　話　03 (3260) 0141
Ｆ Ａ Ｘ　03 (3260) 0180
https://www.asakura.co.jp

〈検印省略〉

Ⓒ2001〈無断複写・転載を禁ず〉　　　三美印刷・渡辺製本

ISBN 978-4-254-11561-1　C 3341　　　　Printed in Japan

JCOPY <出版者著作権管理機構 委託出版物>

本書の無断複写は著作権法上での例外を除き禁じられています。複写される場合は、
そのつど事前に、出版者著作権管理機構（電話 03-5244-5088, FAX 03-5244-5089,
e-mail: info@jcopy.or.jp）の許諾を得てください。

好評の事典・辞典・ハンドブック

数学オリンピック事典	野口 廣 監修	B5判 864頁
コンピュータ代数ハンドブック	山本 慎ほか 訳	A5判 1040頁
和算の事典	山司勝則ほか 編	A5判 544頁
朝倉 数学ハンドブック［基礎編］	飯高 茂ほか 編	A5判 816頁
数学定数事典	一松 信 監訳	A5判 608頁
素数全書	和田秀男 監訳	A5判 640頁
数論＜未解決問題＞の事典	金光 滋 訳	A5判 448頁
数理統計学ハンドブック	豊田秀樹 監訳	A5判 784頁
統計データ科学事典	杉山高一ほか 編	B5判 788頁
統計分布ハンドブック（増補版）	蓑谷千凰彦 著	A5判 864頁
複雑系の事典	複雑系の事典編集委員会 編	A5判 448頁
医学統計学ハンドブック	宮原英夫ほか 編	A5判 720頁
応用数理計画ハンドブック	久保幹雄ほか 編	A5判 1376頁
医学統計学の事典	丹後俊郎ほか 編	A5判 472頁
現代物理数学ハンドブック	新井朝雄 著	A5判 736頁
図説ウェーブレット変換ハンドブック	新 誠一ほか 監訳	A5判 408頁
生産管理の事典	圓川隆夫ほか 編	B5判 752頁
サプライ・チェイン最適化ハンドブック	久保幹雄 著	B5判 520頁
計量経済学ハンドブック	蓑谷千凰彦ほか 編	A5判 1048頁
金融工学事典	木島正明ほか 編	A5判 1028頁
応用計量経済学ハンドブック	蓑谷千凰彦ほか 編	A5判 672頁

価格・概要等は小社ホームページをご覧ください．